全球化時代的
供應鏈
管理技巧

**剷除風險、突破經營困境，
打造最強永續競爭力！**

*Supply Chain
Management*

石川和幸——著

王美娟——譯

▶ 雖然SCM已成了很普遍的詞彙……

最近各位應該時常聽到「供應鏈」這個名詞吧？「供應鏈管理（Supply Chain Management）」（以下簡稱SCM）也成為普遍使用的詞彙了。

不過令人意外的是，「什麼是SCM？」這個問題卻很難回答。更不用說，當上級要求「建構我們公司的SCM吧」時，一般人其實不太清楚這究竟是什麼意思，而且也不知道要如何建構。

因此，直到現在仍有人以為，SCM只是單一部門的作業改善，抑或只要導入系統就成功了。SCM遭到小覷，實在是很令人遺憾的事。因為SCM並非只是效果有限的改善或系統，而是可以**提高公司的競爭力、維持持續的收益性、對公司的永續性有所貢獻的改革**。

▶ 在這個瞬息萬變、不確定性增加的世界，
企業不能不建構SCM

現代競爭激烈，世界的不確定性持續增加。2000年初期的SCM，大多以削減存貨或提升效率為目的，但這只是SCM應該達成的眾多目標之一。

SCM是針對不確定性增加的未來，推測接下來的銷售或生產、採購的狀況，判斷風險，然後做出決策，也就是先行預測與安排的「有計畫的因應」。舉例來說，假如未來的營收有可能下滑，就要限制生產以避免留下存貨，或是舉辦促銷活動努力將商品賣光。又或者，假如有零件不易採購，就得事先跟供應商協商以確保供貨無虞，或是在瞭解風險的情況下事先購買。

換句話說，**SCM的主要目的是管理先知先覺（proactive）的公司決策**。在這個瞬息萬變、不確定性增加的世界，企業不能不建構SCM。

▶ 連初次接觸SCM的人也不難理解的解說

如同前述，一般人很難理解SCM究竟是什麼東西。為了幫助各位輕鬆瞭解SCM，**本書會依序解說SCM的歷史與概要、SCM的框架（framework）、SCM的各項業務、SCM的必備系統、SCM的未來課題。**

第0章解說什麼是SCM。進入正題之前，我先做個簡介，好讓各位對SCM有粗略的瞭解。看完之後就能明白**SCM從黎明期到現在的歷程，並認識SCM的框架**，做好閱讀本書的準備。

第1章談的是**SCM的目的，以及SCM的意義與效果**。看完之後各位應該能夠明白，SCM並非單純的改善，而是強化競爭力、收益性、風險應對能力的活動。

第2章到第5章解說**SCM框架下的各個業務領域**。第2章談的是**SCM的基石—— 供應鏈網絡的設計方法**。工廠與倉庫的配置、生產方式、物流型態等「物的配置與流動」，是構成競爭力的基礎建設，第2章便是介紹設計與建構這個「基礎建設（基石）」的觀念。

第3章解說的是「**規劃業務**」。**SCM中最重要的業務就是規劃業務。**公司的收益性取決於計畫，風險的因應準備也是按計畫安排。看完之後各位應該能夠明白，規劃業務的優劣至關重要，以及要串聯、整合數個組織有多麼困難。SCM的成功，與打破組織藩籬的計畫性合作及整合息息相關，這麼說一點也不為過。

第4章解說的是「**執行業務**」。出貨、製造、採購、物流的各項業務，重視效率、速度與品質。這是日本企業最擅長的領域，而且目前已有各式各樣的改善手法。不過，若從SCM的角度來看，這可說是仍有改善空間的業務領域。

第5章說明的是「**評核業務**」。介紹必須視覺化的指標與資料。

第6章與第7章解說的是**SCM的相關系統**。與SCM有關的系統十分廣泛。第6章會說明SCM的**系統全貌與個別系統**，第7章則介紹**靈活導入與運用各個系統的方法**。

最後的第8章說明**SCM的未來課題**。SCM仍在持續變化，並且受到全球化與科技的影響，因此也需要與設計等周邊領域進一步合作。

SCM是作為公司根基的業務。倘若本書能讓各位瞭解SCM的重要性，並且為強化企業的競爭力與永續性提供助力，這是我的榮幸。

2021年4月

石川和幸

Contents

SCM 的計畫是穩定供應
與成本 & 限制最佳化的決定性關鍵

SCM的執行業務績效
可將QCD最佳化

SCM 的視覺化
可審查績效，促進改善與執行

SCM系統應用篇：
傳授靈活運用SCM系統的方法

掌握SCM的課題與未來展望，
搶先當作武器

結語

索引

Chapter
0

何謂SCM？

SCM是管理「採購→生產→物流→銷售」之流程的手法

SCM是先「設計」「供應」，再進行「規劃、執行管控、評核」。

▍何謂SCM？

SCM是**Supply Chain Management**的縮寫，直譯為「供應鏈管理」。這可說是一種**確保貨物能送到顧客手上的管理手法**。

各位是否以為「什麼嘛，這很簡單啊」？其實並非如此。假如自家公司就有貨物（商品或產品的存貨），只要按照訂單將現有的貨物交付給顧客即可，這樣的確很簡單。但是，不見得每次都能這麼簡單順遂。

舉例來說，假如訂單蜂擁而至，結果會怎麼樣呢？要是產品突然大賣而缺貨，就無法將貨物送到顧客手上了。另外，若是因為零件延遲交貨而無法生產，同樣沒辦法及時將貨物送到顧客手上。如果長期發生這種狀況，就有可能被顧客拋棄，導致營收銳減，公司因而陷入危機。

反之，如果預測產品會大賣，怕缺貨而大量生產或採購，在倉庫裡準備好存貨呢？假設事先準備大量存貨，結果預測卻失準了，那麼存貨就會滯留在倉庫裡，公司得花上龐大的倉儲保管費用。假如存貨有賞味期限或保存期限，就會面臨大量報廢的下場，這樣可就損失慘重了。

要能隨時將顧客要求的東西，按照顧客要求的數量，在顧客指定的時間，送到顧客指定的地方，而且不持有多餘的存貨，這件事意外的困難。**公司得縝密管理供應流程，才能將顧客「需要的東西，在需要的時候，按照需要的數量，送到需要的地方」。**

▌SCM是如何因應這類狀況的？

拿前述缺貨的例子來說，就是察覺或預測銷售額的突發性變動，並且事先做好因應準備。至於存貨滯留的例子，則是預測未來銷售額將會減少，或判斷銷售額只是暫時增加，然後做出決策來避免額外的庫存風險。

假如無法判斷預測是否正確，持有產品存貨是很危險的，因此也可改為儲存原材料。如此一來，當訂單增加時就能趕緊製作，確保供貨無虞。反之，若訂單沒增加就保存原材料，以避免附加價值高的產品變成呆滯存貨或遭到報廢的風險。

如同上述，**SCM並非只是交付貨物的手法。其為針對無法預料變化的未來，考量各種情況與風險，使公司既能賺錢又不會蒙受損失的高階決策程序。**

▌那麼，給SCM下定義吧！

SCM即是管理「採購→生產→物流→銷售」這段流程。

不過，相信各位已經明白，SCM不光是這樣而已。在管理之前，**還要先構思、設計物流網絡**。拿上述的例子來說，儲存在倉庫裡的不是產品，而是原材料。另外，**管理是指規劃、執行與管控、評核**，也就是「**PDCA**」。

那麼，我們來下定義吧！**SCM就是，為了「將需要的東西，在需要的時候，按照需要的量，送到需要的地方」，而進行構思與設計、規劃、執行與管控、評核的機制。**

當中或許有各位不熟悉的詞彙，有些人可能會略感複雜難懂。我會在本書中為各位解說這些詞彙，請跟著我一起詳加瞭解與學習。

何謂SCM（供應鏈管理）？

採購 → 生產 → 物流 → 銷售

其實意外的困難
比方說，需要如下的因應對策

訂單突然增加

察覺或預測變化
並事先準備，
以確保供貨無虞

訂單或銷售額減少

預測風險並控制
生產與採購，
以避免留下多餘的存貨

**無法預測需求，
但是也不想冒險**

儲存零件或原材料，
突然接獲訂單時再製成產品出貨

針對無法預料變化的未來，考量各種情況與風險，
使公司既能賺錢又不會蒙受損失的
高階決策程序

為了「將需要的東西，在需要的時候，按照需要的量，送到需要的地方」，
而進行構思與設計、規劃、執行與管控、評核的機制

瞭解SCM登場的歷史背景

SCM曾被當成商品補充作業與物流作業，遭人誤以為是「作業」。

▌ SCM登場的背景因素在於「做出來就賣得掉」的時代劃下句點

SCM登場之前，包括日本在內的許多先進國家皆處於經濟成長期。人們在逐漸變得富裕的過程中，產生旺盛的大量消費之需求，製造業為了應付需求而大量生產。當時誠然就是一個「做出來就賣得掉」的時代。

然而，當經濟成長告一段落後，消費也呈飽和狀態，人們紛紛轉而看緊自己的荷包。企業的投資同樣告一段落，要是製作多餘的東西就會賣不完，對企業的資金周轉造成負面影響。

消費者的眼光也變高了，只買需要的東西。不過，這同時也造成了「想立刻取得需要的東西」之狀況。**需要的東西如果無法立刻取得，或是無法及時送達，消費者馬上就會改向其他賣家購買其他公司的產品。**

換言之，「做出來就賣得掉」的時代劃下句點了。現在是一個必須**將顧客「需要的東西，在需要的時候，按照需要的量，送到需要的地方」**的時代。

▌ SCM曾被當成「企業之間有效率的補貨作業」

在SCM的黎明期，當時尚未出現SCM這個名稱。不過，企業為了應付顧客的嚴格要求，採取了各式各樣的對策。起先登場的是，「以店鋪為對象的及時連續補貨手法」。

這種連續補貨手法，稱為**QR（Quick Response：快速回應）**或**ECR（Efficient Consumer Response：有效消費者回應）**。QR與ECR被視為「可藉由與製造商共享店面庫存資訊，進行適當補貨的機制」。而跨越企業或組織的藩籬協同合作，則被當作是SCM的概念來介紹並且推廣出去。

因為這個緣故，**SCM被誤解成有效率的補貨**。於是，「存貨補充作業」、「有效率的物流作業」、「有效率的採購作業」被誤以為是SCM的主要功能。至今仍有人以為「SCM就是物流與採購」，正是當時留下的影響。

SCM登場的歷史背景

市場成熟＆物資過剩

「做出來就賣得掉的時代」劃下句點

熱賣的東西若供應不足就會「錯過銷售機會」
銷路差的東西留下來會變成「過剩存貨」滯留倉庫

需要建構能夠有效率地供貨的機制

SCM於焉誕生

▌之後，多數企業的SCM都建構失敗了

日本約在2000年將SCM當作QR或ECR的例子來介紹，並將之視為改革模式實行多種措施。由於SCM被定義為「作業」，一般人才會以為透過自動化、系統化就能搞定。換言之就是誤以為，既然SCM是「作業」，只要導入自動化系統就能成功建構SCM。

　　因此，企業紛紛花費數億日圓到數十億日圓建構SCM系統。假如只要導入系統就能成功建構SCM當然再好不過，但這種做法大多以失敗告終。

　　一般人以為，最佳預測、最佳庫存、最佳生產計畫、最佳採購、最佳物流安排都能以數學邏輯自動計算出來。但是，**現實的業務並不是在數學的理想世界裡執行的**。自動最佳化根本是不可能實現的夢中之夢，因此在現實世界裡這種夢幻的SCM無法發揮功能，系統化也失敗了。

　　就算做了預測，也有預測失準的風險。**組織之間必須協調利益，數學上的最佳解未必都能成立**。在現實世界裡，**不可缺少人依據想法因應風險、協調組織利益的「決策」機能**。這就是SCM之所以為「**管理**」的原因。漏掉管理機制的SCM，當然不可能成功。

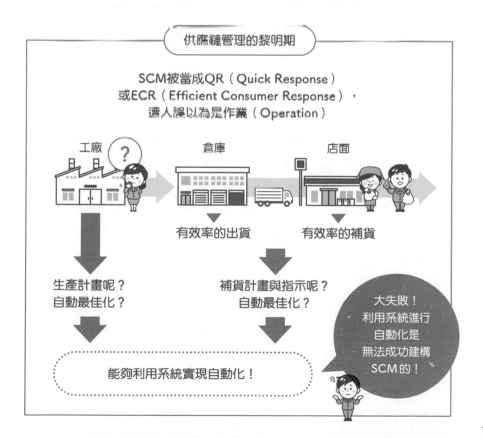

供應鏈管理的黎明期

SCM被當成QR（Quick Response）
或ECR（Efficient Consumer Response），
遭人誤以為是作業（Operation）

工廠　？　　　倉庫　　　　店面

有效率的出貨　　有效率的補貨

生產計畫呢？　　　補貨計畫與指示呢？　　　大失敗！
自動最佳化？　　　自動最佳化？　　　利用系統進行
　　　　　　　　　　　　　　　　　自動化是
　　　　　　　　　　　　　　　　無法成功建構
能夠利用系統實現自動化！　　　　SCM的！

為什麼SCM重新受到重視？

全球化的進展與不確定性的增加，致使企業有必要重新建構SCM。

▌因為沒成功建構SCM，才會應付不了雷曼兄弟破產事件

2008年的雷曼兄弟破產事件（Bankruptcy of Lehman Brothers）掀起全球金融海嘯。當時日本企業如日中天，多數企業都創下歷年最高利潤。雷曼兄弟破產事件剛發生時，大家都以為這只是一起金融慘案，對實體經濟沒有影響。

然而，後來因國外市場的業績銳減，導致貨物無法出口，港口的存貨堆積如山，國內工廠也陷入不得不停止生產的窘況。此一事件確實重重打擊日本經濟。

當時，大家都當日本企業已趁著2000年前後的SCM大熱潮建構了SCM，殊不知失敗的事實遭到了掩蓋。假如當時真的建構了可預測及掌握需求變動，適當控制生產與採購的SCM，企業應該能察覺到銷售衰退，預料到存貨將會增加，從而適當調整運輸、生產與採購吧？此外應該也能事先察覺到，停止生產後將來需求會突然增加吧？

其實，日本企業的SCM根本沒建構成功。他們並未取得國外據點的需求變動、未來的銷售計畫與銷售預估，以及庫存量與未來的庫存變動預估這些資訊。

假使掌握了這些資訊，仍舊缺乏SCM裡做出跨國決策的組織機能。企業依然按照幾個月前國外據點所下的訂單繼續生產。

結果，存貨愈積愈多，只好趕緊停止生產，之後又因為存貨突然不夠，急急忙忙勉強重新生產，陷入手忙腳亂的狀態。

多數日本企業只會被眼前的變動牽著走，欠缺將最終顧客納入視野，預測並應對風險的態度。當時反省過此事的部分企業，後來都努力重新建構SCM。

各位的公司又是如何呢？倘若國外或國內設有銷售公司，貴公司平時是否會取得未來的銷售計畫、銷售預估與庫存預估，並且將資訊視覺化呢？如果是透過代理商販售，平時是否會取得代理商未來的銷售計畫、銷售預估與庫存預估呢？平時是否會確認生產預估、採購預估以及風險呢？

在SCM上，橫跨組織，將包括最終顧客在內的資訊全都視覺化，是一定要實行的事。假如沒做到，應該立刻改善。

▌全球化的進展使得SCM重新成為必須

之後，由於日圓升值、國外市場發展、國內市場低迷、國內勞動者不足等因素，國外銷售比率與國外生產比率節節攀升。

隨著全球化的進展，貨物在國外流通的情形急遽增加。**建構將跨國交易納入視野的SCM之需求因而高漲。**

面對國外已發生的現象或正在發生的不確定現象，企業必須迅速且確實地取得資訊、預測風險、有計畫地應對才行。在SCM上，必須應對的不確定性五花八門。

・不確定性的增加①：突然發生的需求變動

除了雷曼兄弟破產事件外，其他因素也會促使需求變動突然發生。例如近期就發生美中貿易戰、新型冠狀病毒大流行等事件，颱風、颶風、洪水、地震等災害也變多了。

這類現象會造成需求變動，導致未來的需求變得難以預測，不確定性隨之增加。

由於需求不穩定，企業必須推測會波及整個供應鏈的風險。**若要預測未來的需求，不可缺少能迅速掌握銷售的實績、計畫與預估，事**

先為需求變動做好準備的SCM。

▪ 不確定性的增加②：生產與採購的限制條件升級

牛產與採購的限制也變得嚴苛。高科技零件的貨源有限，因而時常上演零件爭奪戰。這使得企業有必要避免因競爭對手增產，採購零件時搶不贏出價高者的風險。**若希望供應商（supplier）優先將零件供應給自家公司，就必須與供應商密切合作。**

另外，若原材料為天然資源，有時會因為天候影響而難以順利採購。如今氣候變化劇烈，洪水或日照等因素也會掀起原材料爭奪戰。

若想穩定地採購原材料，就得確實保有數個供應源，或是向供應商保證一定會買進。總之，**必須建構把供應商當成夥伴密切合作的SCM。**

▪ 不確定性的增加③：物流再度變成限制條件

日本國內長期面臨司機不足、貨車不足的窘境，因此物流一直是很大的限制。國外同樣因為美國西岸港口的罷工與中國的成長，導致船舶運輸能力吃緊。

在國內，企業也許有必要與貨車業者長期合作。此外或許還必須進一步考慮改變物流體制，切換成自有物流，或是與競爭對手建立共同輸配送系統等。

當國外發生事件，或是該事件長期化而影響物流時，企業必須察覺事件的動向，並且立即因應才行。此外也需要**靈活有彈性的物流管理組織**，能夠視情況變更運輸路線、先行預約數艘貨船，或是選擇臨時貨運服務等。

因為SCM**不只是將眼前的業務效率化，還具備推測風險，改變未來的事業體制之作用**。

▌ 整體最佳化與因應現在及未來的不確定性，
正是SCM的真正價值

全球化的進展與不確定性的升級，**增加了拓展視野，將銷售產品給最終顧客、採購原材料、物流全納入考量，以最佳化觀點管理、控制整體的必要性**。

而且，不只要迅速因應目前發生的狀況，還得預想未來可能發生的風險，事先做好應付風險的準備。

SCM既非個別組織的個別最佳化，也不是如條件反射般應付目前發生的狀況，而是**以整個供應鏈的最佳化為目標，為現在與未來的不確定性做好準備**。

舉例來說，假設在面臨美中貿易戰與新冠病毒大流行之際，我們預想未來要在中國生產或採購會面臨愈來愈困難的風險。以緊急避難為目的變更生產地點或採購來源就屬於SCM範疇，而根據長期展望選擇變更生產據點或回到國內生產、增加或更換供應商同樣屬於SCM的範疇。

不過就算要短期或長期進行整體最佳化與應對未來風險，如果銷售與生產、採購各自為政，當然不可能好好地應對。在SCM上，此時需要的是整合的業務與組織。

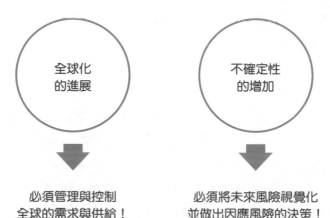

全球化
的進展

不確定性
的增加

必須管理與控制
全球的需求與供給！

必須將未來風險視覺化
並做出因應風險的決策！

有必要
重新建構SCM

● 拓展視野，將銷售產品給最終顧客、採購原材料、物流全納入
考量，以最佳化觀點管理、控制整體

● 不只要迅速因應目前發生的狀況，還得預想未來可能發生的風
險，事先做好應付風險的準備

SCM的目的
是消除浪費並持續獲利

消除浪費並持續獲利，實現合併利潤的最大化及永續化。

▌SCM的目的

上一節談到，全球化的進展與因應不確定性的必要性，使得SCM再度受到關注。要應付這些狀況，SCM是有效的工具。

不過，如果只應付必要性，SCM就會淪為暫時性的活動。其實，SCM是一種有目的且持續進行的企業活動。本節就來談談，SCM是為了什麼而進行的吧。

SCM的目的，乃是「消除浪費並持續獲利」。一旦有浪費，成本就會增加，利潤則會減少。

舉例來說，製作沒人需要的產品，結果賣不出去，各位覺得這種狀況怎麼樣呢？這是不折不扣的「浪費」對吧。不必要的生產會導致存貨滯留，這段期間所花的保管費用等都是「浪費」。此外，生產出來的東西若是賣不出去就得報廢，之前所付出的製造成本也全都「浪費」了。

如果賣不出去，就無法回收花掉的成本（錢），只是讓錢流到外面去罷了。既沒賺到營收，花掉的錢也無法回收，如此一來企業的利潤就會減少。所以，**浪費的企業獲利不多。**

對企業而言，**消除浪費即是增加營收與利潤，也就是賺錢獲利。**只要不浪費、有效率地生產與採購，並且及時賣出產品，就能賺到營收與利潤，累積財富。**消除浪費並持續賺錢獲利，正是SCM的目的。**

█ SCM的目標是透過連結使收益最大化及永續化

企業賺到的營收與利潤，總稱為「**收益**」。SCM的**目標即是收益的最大化與永續化**。而且不是追求暫時性的收益最大化，是要永續實現收益最大化。

另外，SCM所用的「**整體最佳化**」一詞，這個「整體」是指**橫跨供應鏈「連結」在一起的企業**，也就是**整個集團企業**。

換言之，**SCM的目的並非最大化個別企業的收益，而是將連結起來的企業集團整體收益最大化與永續化**。因為很多時候，部分的收益會耗損整體的收益。

尤其在現代，企業評價看的是總合表現。單獨評價個別企業稱為「個體評價」，不過即使單一企業的收益再高，若集團內的其他企業收益很低，整個集團的收益性依舊會亮黃燈，永續性也要打上問號。

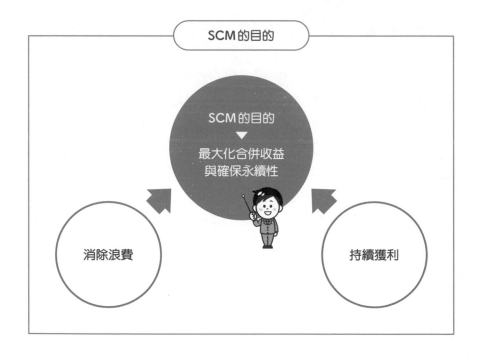

　　舉例來說，即使工廠生產量多而且賺錢獲利，如果業務銷售組織或銷售商的存貨堆積如山，這個集團企業遲早會倒閉。又或者，日本國內的集團企業賺錢，但國外的集團企業虧損，那麼將來整個集團就得支援沒賺錢的國外企業才行。

　　這種情況其實很常見，就算企業的一小部分賺錢，要是整體不賺錢的話，這個企業的連結依舊沒有獲利，永續性也要打上問號。

　　橫跨集團企業整體，從原材料業者到最終顧客全都納入視野（範圍），最大化所有的連結企業與集團企業的合併收益，並保障其永續性，是SCM的最大目的。

▋ SCM的視野（範圍）
也要擴大到配銷通路與供應商

　　雖然SCM的目標是將連結起來的集團企業合併收益最大化，不過視野也要擴大到範圍之外。

　　假如SCM的視野（範圍）為銷售給最終顧客獲得確實的銷貨收入，建構的SCM就必須將「貨物送到最終顧客手上」這段過程的配銷通路納入視野。實際上，現在有愈來愈多的製造業與流通業，會掌握代理商、批發商與零售商的銷售狀況與庫存，並且共享資訊。

　　企業與原材料或零件供應商的合作早已行之有年。此外他們也知道，要共享供應商的庫存與生產計畫等資訊，確保供貨無虞，才能將包括供應商在內的所有收益最大化。

　　因為SCM的目標並非單一部門的個別最佳化，而是要最佳化從供應商到最終顧客的企業群集合而成的整體。

掌握SCM的建構框架

供應鏈網絡設計與規劃、執行、評核。

▌想建構SCM，最好先有框架

由於SCM是要建構跨越組織藩籬的業務與系統，建構時必須具備大局觀。過去至今，許多的SCM都是以狹隘的視野建構而成，治標不治本，但一般人都誤以為這就是SCM。

其實，**SCM是控制組織間物流的業務機能，以及資訊流的機制。**

若以堆疊方式建立，是無法建構出正常的機制。**想要建立井然有序的資訊流、指示流、物流，就必須謹慎仔細地設計。**設計算是一種模式化，既然要建立模式，就不能毫無章法，想到什麼就做什麼。**一定要先有框架（framework），再設計與建構。**

那麼，接下來就為大家介紹用來設計與建構SCM的框架吧！

▌SCM的基礎建設
──供應鏈網絡的設計與建構

實行SCM這項業務之前，要先奠定的基礎之一，就是作為控制對象的貨物之流動。

生產據點、供應商的據點、銷售據點、串聯各個據點的倉庫與輸配送的物流構成了網絡，這種網絡一般稱為「**物流網絡（logistics network）**」。

不光是這種網絡，建立供應鏈的網絡時，也會運用整理概念的模式化手法。

例如**生產方式**與**存貨的配置方針**等。**生產方式是指，存貨生產與**

接單生產這類生產的方法。如果採存貨生產，不可缺少補充產品（成品）存貨的倉庫。如果採接單生產，則是接到訂單後才採購、生產，再出貨給顧客。

　　生產方式不同，工廠與倉庫配置、銷售據點配置、與據點有關的物流網絡、各據點的存貨部署之做法也就不一樣。

　　要設計供應鏈本身，其實有框架可以運用。事先掌握框架，不僅能夠研究提供高顧客服務水準的倉庫配置與生產方式，也能夠思考如何降低花費的成本。

　　關於供應鏈網絡設計的實踐手法，本書將在之後的章節為各位詳細解說。

▍業務與系統，要以規劃、執行、評核之觀點設計與建構

　　供應鏈網絡建好後，接下來必須設計與建構業務及系統，控制該網絡上的貨物流動。

　　SCM的業務與系統，是以規劃、執行、評核之觀點組成。可以說與PDCA（Plan Do Check-Action）的程序毫無二致。

　　請別覺得「唉唷，PDCA我早就學過了」而小看這道程序。實際上，多數企業根本就沒有認真推動PDCA。各位或許很訝異，不過這的確是事實。

　　就是因為規劃、執行、評核的業務程序並未組合好，SCM才會發揮不了作用。本書將在之後的章節解說，如何建構重視實踐的SCM業務與系統。

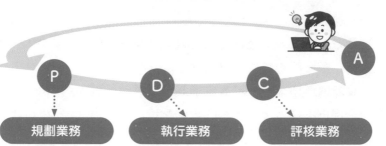

SCM 的建構框架

P — 規劃業務

管理與控制
供應鏈的計畫管理

- 中期計畫／預算
- 規劃業務
  需求預測／需求計畫
  庫存計畫／進貨計畫
  生產計畫／採購計畫
- 購買企劃＆計畫

▼

**Management
Excellence**
（**實現確實的收益**）

D — 執行業務

供應鏈上的執行指示
與執行管理

- 銷售
  （接單／物流／出口）
- 生產
- 採購
  （下單／物流／進口）

▼

**Operation
Excellence**
（**效率化**）

C — 評核業務

定義及視覺化
管理指標，促進改善

- 設定管理指標
- 測定／評核管理
  指標
- 指示改善

▼

Visibility
（**可視性**）

供應鏈網絡設計

設計可保障供應性、
降低成本的供應鏈基礎建設

生產方式、據點配置、物流網絡、存貨部署

▼

保障永續的成本競爭力與供應力

Chapter

1

為什麼SCM
能形成公司的競爭力？

SCM是用來實現客戶的要求，建立永續關係

SCM的目的是提升顧客服務水準，增加營收與利潤。

▋「做出來就賣得掉的時代」雖已劃下句點，但沒貨的話顧客就會離開

我在Section 0也提過，現在物資過剩，早已不是「做出來就賣得掉的時代」了。

雖說物資過剩，不過消費者的「想立刻得到渴望的東西」之念頭並未消失。拿網路銷售來說，能否縮短貨物送到顧客手中的天數就是其中一項競爭因素。消費者是很善變的。假如這裡沒有他們想要的東西，就會轉往其他地方購買。

如今大多數的商品都能隨處取得。任何地方都能輕易買到的商品，稱為「**同質化**」商品。

到實體店面或在網路上購買同質化商品時，假如沒有存貨，只要到其他有賣的地方購買就好。

製造業認為，每次生產時都有需要的零件或原材料是最理想的。將存貨控制在最低限度，並且及時採購的價值觀已滲透這個產業。「**及時制度（Just-In-Time）**」就是體現這種價值觀的管理方式。

「及時制度」是一種只在需要的時候，按需要的量取得需要的物料，不必持有存貨的生產管理方式。 這項手法因汽車製造商採用而出名。

▌用來實現「想立刻取得產品」的SCM

零售商與直接向消費者販售產品的製造商，**只要建構用來實現消費者「想立刻取得產品」之要求的SCM，就能形成競爭力**。原因在於，假如大家販售的是相同的商品，消費者能在自家商店立刻買到的話就不會損失銷售機會，對營收有所貢獻。

因此，**有實體店面的零售業必須採取現貨銷售之方式**。持有的存貨愈多，對自己愈有利。豐富的商品種類與充足的存貨，是向前來購買的顧客提供的服務。

但是，不能留著賣不掉的存貨，因此庫存管理很重要。業者必須仔細管理庫存，熱賣的商品要隨時都有存貨，沒貨就要立刻補貨，至於賣不掉的商品則別留在倉庫裡。

零售業正是重視這種仔細管理的產業。像便利商店、超市、藥妝店、標榜快時尚的服飾店等都是典型的例子。

▌「只要及時擁有需要的東西就足夠」的SCM

不過也有產業不必時時保有存貨，只要及時擁有需要的東西就夠了。製造業就是典型的例子。只要配合生產計畫，在生產的時候擁有存貨就行了。

▌提高供應性並提升服務水準，不讓客戶溜走

「想立刻取得」、「想及時取得」是買方的要求，而滿足這類要求的行為就是「**提升服務水準**」。實現客戶的**立即交貨要求（想立刻取得）或是遵守交期（想及時取得）**，賣方就能滿足客戶的服務要求，不讓客戶溜走，如此一來就能對營收有所貢獻。

換言之，**SCM的目的之一，就是提升顧客服務水準，不錯過任何銷售機會，對營收的增加做出貢獻。**

SCM是用來實現客戶的要求，建立永續關係

如零售業這類
客戶為最終消費者的
B2C 事業

便利商店、超市、
藥妝店、標榜快時尚的
服飾店等

客戶為公司的
B2B 事業

一般的產品、
零件、原材料等的
製造商

實現顧客
「想立刻取得產品」之要求的
SCM

「只要及時擁有
需要的東西就足夠」的
SCM

透過 達成客戶要求的

「想立刻取得產品」、「只要及時擁有需要的東西就足夠」，

並且進一步提升服務水準，來增加營收與利潤

SCM可兼顧利潤最大化
與庫存風險最小化

SCM能推動業務效率化，兼顧利潤最大化與庫存風險最小化。

▌SCM能推動業務效率化，使利潤最大化

SCM是實現「**將需要的東西，在需要的時候，依照需要的量，送到需要的地方」的業務。其目的是及時供應。**而及時供應，意謂著不進行非必要的採購或生產。換句話說，SCM的目的就是**不進行無謂的採購或生產**。

不進行無謂的採購，就能削減各式各樣的成本。

首先，因為是在需要的時候，採購需要的數量，所以訂購次數可壓到最低。如此一來，多餘的入庫接收作業也能減少，因此能夠改善業務。另外，因為不必持有多餘的存貨，存貨的保管費用就降低了，與庫存管理有關的費用也會變少。

如果還推動生產合理化的話，製造成本也能降低。簡單來說就是訂立適當的生產計畫，有效運用人力與設備。如此一來工廠就能有效率且穩定地生產，不會發生不合理的生產、不必要的生產，以及做做停停、不穩定的生產。

不合理的生產會造成加班，或是向供應商提出不合理的交貨要求，導致製造成本惡化。不必要的生產會產生不必要的存貨，並且因為存貨滯留而產生成本。假如做好的產品賣不掉，最後報廢的話，生產所花的成本就全都浪費掉了。

不穩定的生產，則是增產時要加班，減產時人力或設備有餘，於是這些成本就浪費了。

透過SCM推動生產合理化，即可實現有效率且成本合理的生產。

▌推動庫存合理化，
   並確保不易採購的物料

　　實施SCM時別忘了監控庫存，時時保持適當的庫存量。存貨變少時就適當地採購或生產，存貨過多時則限制採購或生產，使庫存合理化。因為SCM是藉由不持有多餘的存貨，來迴避存貨滯留的風險。

　　不過，如果連不易採購的物料都只留極少的存貨，到了有需要的時候可能會面臨買不到的窘況。這類物料要事先跟供應商協商交涉，雙方約定好以確保供貨無虞。

　　舉例來說，如果是以農作物為原料的製造商，就要向供應商保證無論收成好壞都一定會買進。如果是高科技零件，就要先談好一年的訂購量，每個月還要交換資訊，雙方共享資訊並進行業務合作，好讓供應商能夠適當地生產、供應零件。

　　因為SCM的目的不只是降低存貨滯留或報廢的風險，還要消除無法採購的風險。

▌取得營收與利潤最大化，
   以及庫存合理化之間的平衡

　　要將營收最大化，必須做到及時供應，因此保持適當的存貨很重要。不過，若是秉持營收至上主義而持有取之不盡的存貨，就會面臨庫存風險。反之，如果一味地追求減少存貨，則會導致營收下滑，或是發生不必要的緊急生產或採購而增加成本。

　　對SCM而言，取得營收與利潤最大化，以及庫存合理化之間的平衡是很重要的。

SCM可兼顧利潤最大化與庫存風險最小化

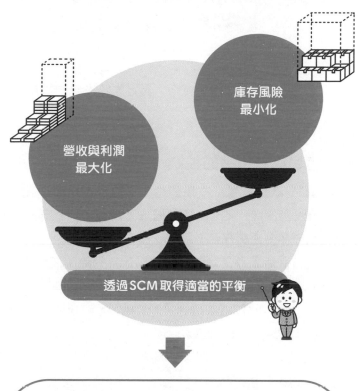

庫存風險
最小化

營收與利潤
最大化

透過SCM取得適當的平衡

- 若是秉持營收至上主義而持有取之不盡的存貨，庫存風險就會增加
- 如果一味地追求減少存貨，會導致營收下滑，或是發生不必要的緊急生產或採購而增加成本

透過SCM，取得營收與利潤最大化，
以及庫存合理化之間的平衡

SCM可強化公司的應變能力，對經營有所貢獻

SCM能將整個供應鏈視覺化，實行先知先覺的經營。

▌傳統的PDCA管理，只是配合目標或標準的控制

　　所謂的SCM既是計畫，亦是預估；它是檢視結果，並且預測未來。 以時間軸來說的話，**SCM能將過去（實績、計畫預實）、現在的狀況以及未來（計畫與預估）視覺化並進行管理**。

　　從前在生產管理或經營管理等領域，都會提到「**PDCA**」這個詞彙。PDCA為「P：計畫」、「D：執行」、「C：查核」、「A：行動」的縮寫，在日本的製造業是耳熟能詳的用語。多數的生產管理教科書，都將PDCA當作改善循環來運用。

　　傳統的PDCA，是先訂立計畫再觀察結果，假如出現不同於計畫的差異就進行改善，修正到符合計畫訂出的目標或標準。換言之就是透過管控來達成計畫訂出的目標或標準，讓工作能按照計畫進行。

　　生產管理等領域所說的PDCA，只是設法讓結果符合事先訂立的計畫、目標或標準，無法因應商業上的重大變化，因此**只能算是管控（Control）行為，無法應對風險**。

▌傳統的PDCA管理應對速度慢，無法因應變化

　　另外，**傳統的PDCA管理，著重在檢視過去的實績來應對**。假如不符合訂立的計畫、目標或標準，就找出原因，將之修正到符合過去訂立的計畫、目標或標準。這就好比**看著後視鏡，檢查並修正自己的路徑**。這種做法無法因應變化。

　　除此之外，因為是一邊檢查預算（目標）與實績的差異，一邊追究原因實施對策，檢討以及得出結果要花時間。而且，得到結果後，假如正確就沒問題，若是錯了就要再檢討，要獲得效果也得花上一段時間。當然，傳統的PDCA並非不好，這是不可或缺的改善技能。但是，在瞬息萬變的現代，光靠這種做法是不夠的。

　　SCM並非只是這種近似結果管理的傳統PDCA，其還是**針對未來的計畫進行推測與應對，或是變更計畫本身，先知先覺、為未來準備好對策的手法**。我再為大家說明得具體一點吧！

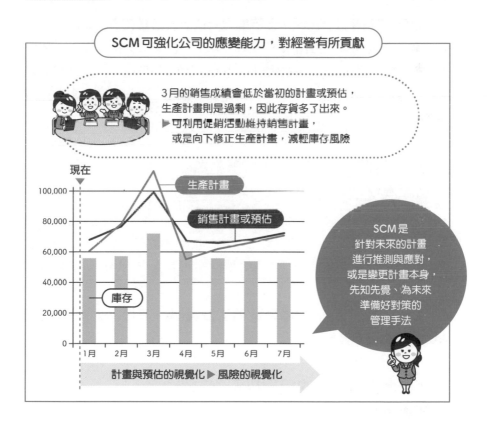

藉由計畫與預估的管理來預測風險①：
銷售風險

　　舉例來說，假設銷售計畫不僅未能達成目標，而且未來的銷量估計也會下滑。這種時候，就有必要向下修正銷售計畫。又或者現在的銷售成績還不錯，但很顯然的，未來的銷量估計會下滑。

　　如果對比銷售預算，銷售計畫的成績每況愈下，公司的預算就無法達成。因此，這時要思考各種擴大銷售方案，推出促銷活動等，提升銷售計畫的成績。

　　雖然SCM會分析原因，但不會進行改善，而是花費未來的成本或者投資，為未來準備好對策。不過，要是實在無法維持或提升銷售計畫的成績，就得重新檢視銷售計畫本身。調降計畫或目標、標準的做法，也不同於傳統的PDCA，SCM是藉由**改變「P：計畫」本身來應對問題**。

藉由計畫與預估的管理來預測風險②：
生產風險

　　生產活動同樣伴隨著風險。舉例來說，當設備有問題，可能需要修繕時，可提前生產增加存貨，以便未來能夠維修設備。又或者，當銷售計畫的成績比預期高時，考量到之後可能會突然增產，於是僱用人手。

　　如同上述，SCM**並非默默遵守訂立的計畫、目標或標準，而是預測未來事先因應變動風險**。

藉由計畫與預估的管理來預測風險③：
採購風險

　　說到採購風險，就是預料會發生全球性的原材料或零件短缺之類的情況。例如香料製造商需要的柑橘歉收，或是高科技企業上演半導體爭奪戰等。

如果發現這類未來的風險，就要事先做好安排，確保原材料或零件供應無虞。SCM可將風險視覺化，實現先知先覺的經營。

▍透過SCM進行預測，能夠訂立資金計畫

進行預測，**並非只是單純預估營收或利潤，還能夠預想存貨的變動，未來的資金周轉也能夠視覺化。**

舉例來說，日本的製造業經常發生國外據點為資金周轉所苦的情況。大多是因為，未來的計畫未能視覺化，進貨量或庫存量膨脹，才導致資金周轉惡化。只要將未來的計畫或預估視覺化，**抑制進貨或庫存過剩，就能夠實行配合資金周轉計畫的「規劃業務」。**

▍透過SCM進行預測，能夠做出投資判斷

另外，如果看得到未來的銷售計畫，就能在需要的時候投資設備或倉庫。我們可以根據預估或計畫的成績會上揚多久，判斷是否只要進行短期的小額投資就夠，還是要進行大規模的長期投資。

SCM並非只是製作東西而已，而是推測營收與成本、利潤，將資金周轉視覺化，然後做出投資判斷，換言之就是將公司的現在與未來視覺化，確保未來收益性的管理行為。

SCM是建構跨組織、跨公司的整體最佳化體制

SCM是藉由業務合作與系統將組織串聯起來，實現整體最佳化。

▌專精化、封閉化的公司組織無法因應變化

近代的組織，尤其是公司組織都會被要求專精化。因為必須做出高水準的應對，所以需要各組織機能的專家。

舉例來說，生產的專家必須具備有關生產的深厚知識與經驗，以及解決問題的技能。光是要獲得這種專業性就得花上相當長的時間，因此大多數的專家都是長期待在所屬組織裡。

因為這個緣故，該組織培養多年的人才，才會不清楚其他組織的工作或情況，只追求所屬組織的效率化，冷漠拒絕其他合作組織的要求。當別人有事拜託他時，就會責備對方、吝於提供協助，彷彿是拜託他的組織不好，自己的組織才是對的。簡直就像是躲在單人戰壕或穀倉裡作戰似的。

這樣一來，公司內部就無法順利地協同合作，還會失去彈性，最後給客戶或供應商添麻煩。

▌個別組織的評核制度使組織間形成藩籬

另外，組織的評核也是個別進行，所以不會想到要跟其他組織互助合作。不與其他組織合作，只顧追求自家組織的利益，提高組織的評價成了主要目的。

舉例來說，假如業務銷售部門的評核只看銷售成績的話，他們就不會把臨時委託或取消生產的情況放在心上，即使會讓製造成本惡化也不管。另外，假如業務銷售部門無須承擔庫存責任，就算存貨增加

他們也會覺得事不關己。既然只要達成業績目標就好，無論生產成本與庫存會怎麼樣都不關自己的事。因為，就算製造成本惡化或是存貨增加，也不會影響到業務銷售部門的評價。

如同上述，**按個別組織進行評核，沒考慮到協同影響的組織，只會追求評核的個別最佳化，失去了彈性與穩定性，逐漸奪走整體的利益與組織的總合力。**

▋ 從銷售到生產、採購，打破組織的藩籬

SCM即是橫向串聯這種專精化、封閉化的個別組織。 銷售計畫、產品庫存計畫、業務銷售的進貨計畫、生產計畫、採購計畫是環環相扣的。**SCM便是協調組織間的利益與限制，努力實現整個組織的利益與資產最佳化。**

這種時候，無法只看個別組織的利弊得失來做判斷，部分組織也會因此需要負責苦差事。例如，為了讓業務銷售部門的銷售計畫得以上修，生產部門必須加班或假日出勤，變更生產計畫，或者業務銷售部門為了賣光剩下的存貨，追加舉辦促銷活動的費用等。

此時也有可能因為生產成本暫時惡化，或是業務銷售的銷管費增加，阻礙各組織達成目標。即便如此，若能追求公司的最大利益，仍要跨越組織間的藩籬做出決策。**跨越組織藩籬做出決策即是SCM。**

▋ 最終顧客、代理商到供應商，
　打破公司的藩籬

不光是公司內部，SCM也需要與其他相關的公司組織協同合作。 以銷售來說，就是與零售商、代理商合作，有時候還需要跟最終顧客合作。

以尿布之類的消費財製造商為例，因為代理商那裡有存貨，如果代理商的存貨滯留或是過少，製造商這邊就會發生變動而大傷腦筋。同樣的，零售店的促銷活動，也有可能影響到代理商與製造商。**若希**

望供應無虞與生產穩定，就必須與配銷組織有計畫地合作，以及視覺化並共享計畫的預算與實績、庫存狀況。

另外，**與供應商合作也很重要**。假如供應商的生產能力有限制，就無法臨時增產，因此必須採取計畫合作之類的措施以便事先累積存貨。供應商能夠平準化生產固然省事許多，但他們也有可能承受不住庫存負擔。這種時候，訂購方必須考慮收購存貨才行。雖然訂購方的財務會暫時惡化，不過這樣一來既可確保供貨無虞，供應商也能穩定生產。

如同上述，**從最終顧客到供應商都進行協同合作，打破公司的藩籬，整個供應鏈一同追求利益、分攤風險，這樣就能提升整體收益、因應風險，以及獲得彈性**。

▎何謂個別最佳化與整體最佳化？

SCM是一種跨越組織與公司的藩籬進行協同合作，共同追求利益的機制，而非只追求個別組織或單一企業的利益。此外SCM也是一種決策，判斷要由哪個部分吸收風險，才能確保應變能力。單一組織承擔不了的風險，由能夠負擔的組織共同分攤，如此就能為所有組織與公司做出貢獻。

如果只為個別組織的利弊得失而動，就會不願意應對風險，也會失去彈性，最後還有可能失去獲得的營收與利潤，增加不必要的應對與多餘的存貨，導致收益與資金周轉惡化。

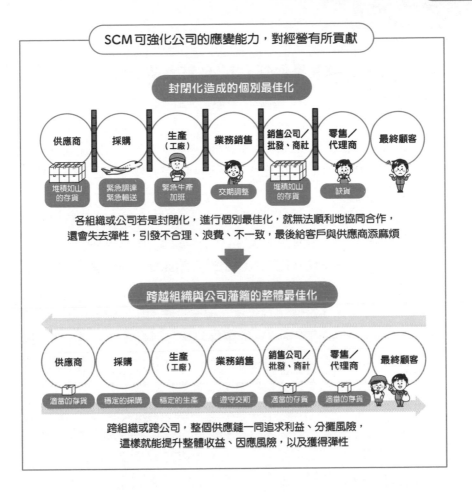

SCM可強化公司的應變能力，對經營有所貢獻

封閉化造成的個別最佳化

供應商	採購	生產（工廠）	業務銷售	銷售公司／批發、商社	零售／代理商	最終顧客
堆積如山的存貨	緊急調度緊急輸送	緊急生產加班	交期調整	堆積如山的存貨	缺貨	

各組織或公司若是封閉化，進行個別最佳化，就無法順利地協同合作，
還會失去彈性，引發不合理、浪費、不一致，最後給客戶與供應商添麻煩

跨越組織與公司藩籬的整體最佳化

供應商	採購	生產（工廠）	業務銷售	銷售公司／批發、商社	零售／代理商	最終顧客
適當的存貨	穩定的採購	穩定的生產	遵守交期	適當的存貨	適當的存貨	

跨組織或跨公司，整個供應鏈一同追求利益、分攤風險，
這樣就能提升整體收益、因應風險，以及獲得彈性

　　SCM的整體最佳化，即是一種跨組織或跨公司，以營收與利潤最大化、消除不合理／浪費／不一致、業務穩定化、庫存風險最小化為目標，由整個供應鏈共享利益分攤風險的管理手法。

發生雷曼兄弟破產事件時，SCM 其實並未建構成功

假如成功建構了SCM，就連雷曼兄弟破產事件之類的變動都能因應。

2008年發生的雷曼兄弟破產事件，導致全球的物品銷售低迷，港口堆滿貨物無法出口，生產也停止了。因為突然停止生產，製造業的業績一落千丈。

不過，當時就已知道，以歐洲的法國巴黎銀行事件及雷曼兄弟破產事件為代表的次貸危機，將導致營收弱化。既然未來的銷售將會衰退，企業可以向下修正國內外的銷售公司或業務銷售部門的銷售計畫，限制生產。然而，多數製造商卻沒這麼做。

當時，我參與了數件SCM專案，但在企業內部卻聽到「銷售計畫不調降，畢竟還有3個月後交貨的國外訂單，所以繼續生產」、「國外的銷售計畫與進貨計畫維持不變」、「要是減少生產，就無法達成生產預算了」之類的意見，結果這些企業繼續生產，最後演變成了慘劇。

總的來說，這是因為製造商並未看到供應鏈下游銷售者的計畫或預估。又或者，雖然看到了，卻沒以跨組織的角度進行判斷，只考量生產的狀況而決定繼續生產，並未做出整體最佳化的判斷。假如當時成功建構了SCM，應該就會將銷售的預估納入視野，判斷能否向下修正銷售計畫、能否向下修正生產計畫，採取更溫和的因應措施才對。

雖然大家都說雷曼兄弟破產事件是百年一遇的慘案，如果當時已成功建構SCM，企業應該就能跨越國境將資訊視覺化，順利因應風險才對。

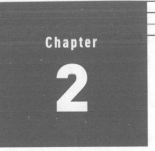

Chapter

2

將SCM的網絡設計當作武器

供應鏈網絡設計可打造
永續競爭力

設計符合公司策略的供應鏈網絡。

▋ 自然形成的供應鏈網絡已經過時

　　將貨物送到客戶手上，或是將採購的貨物送進自家公司的倉庫，這種貨物的流動即是「**供應鏈網絡**」。供應鏈網絡是指，**貨物從生產據點、倉庫、銷售據點到達最終顧客的流程**，例如使用貨車從地方工廠，將貨物運送到首都圈郊外的倉庫，再從倉庫配送到各家店鋪。

　　隨著事業規模擴大，供應鏈網絡也配合時代重新建構。因應狀況建構的公司，大多是配合據點配置或實務因素去設計網絡，而非專程設計。由於是配合面臨的狀況建構，這個物流網絡是經過反覆試錯後自然形成的，最適合當時的狀況。**一旦建構完畢，貨物的流動就不太會改變。**因應狀況建立的供應鏈網絡會陷入僵化，逐漸跟不上時代而變成累贅。

▋ 物流成了強力的限制條件與競爭因素

　　物流正逐漸成為強力的限制條件。在日本國內，不僅司機不足，物流成本也居高不下，甚至還有可能無法輸配送。國外運輸同樣上演搶船、搶飛機的戲碼。

　　不過，物流也成了很大的競爭因素。自從亞馬遜（Amazon.com）登場後，將商品個別配送給最終顧客的做法成了一種優勢，逐漸勝過實體店面交易與自行取貨。最後，網路購物創造出龐大的市場，消費者不再選擇到實體店面購買。

　　不光是這種以最終消費者為對象的「B2C市場」，對「B2B市

場」這種企業之間的交易而言，**物流同樣成了競爭因素。** 及時送達這點就無需贅言了，此外還要**具備超過運送貨物的附加價值**，例如共同配送、小批交付、期限管理等。成功解除物流的限制條件、提升服務水準的公司能獲得客戶好評，贏得持續的訂單。

▌影響競爭力的供應鏈網絡設計

　　如何設計供應鏈網絡，以及如何定義可提供的服務水準與運輸方法，此一題目會影響公司的競爭力。

　　這是因為，公司若建構依顧客服務水準，變更現有據點或之前的輸配送方法，並且消除輸配送的限制、抑制成本的供應鏈，就能獲得客戶肯定，事業得以永續經營下去。

▌決定成本結構的供應鏈網絡設計

　　另外，**建構完畢的供應鏈網絡會決定成本結構**。舉例來說，製造成本與輸配送成本，取決於工廠要建在市場旁邊，還是建在遠地。生產據點的生產成本，會隨著當地的採購成本與當地的人事費用而改變，再加上送到市場的輸配送成本，就等於銷售的進貨成本。

　　橫跨供應鏈所累積下來的成本，會在事業營運期間持續增加，因此如何設計有效率的成本結構，以及能否適時重新建構是很重要的。 舉例來說，從前中國等國家的人事費用低廉，如今當地人事費用上漲，成本競爭力已不復往昔了。此外為了降低成本，而將工廠移到越南或孟加拉等國家的企業也變多了。不過，如果人事費用低廉，但成本比從中國運輸過來的費用還高，就得檢視總成本的增減。

▌決定風險高低的供應鏈網絡設計

　　適切的供應鏈網絡也能降低風險。 舉例來說，如果公司以往都會在北美的西岸與東岸卸貨，當西岸港口發生罷工時，只要將在東岸卸下的產品運到西部，就可避免損失銷售機會。反觀建構的供應鏈網絡

只在西岸卸貨的公司，則因為始終無法卸貨而導致缺貨，錯失了銷售機會。

除了上例之外，選擇在運輸頻繁的國家生產、可選擇海運與空運、有數間倉庫能夠供貨、可向數家供應商進貨等做法，也都是藉由設計供應鏈網絡來降低風險。進行這類設計時，如果要應對過大的風險，可能得花費龐大的成本，因此成本與優點（利益）也要考量進去，有策略地設計才行。

物流成了強力的限制條件與競爭因素

從前的供應鏈網絡

自然形成、因應狀況型的供應鏈網絡設計

配合從前的「做出來就賣得掉」的時代，因應狀況建立而成的網絡

物流成了強力的限制條件與競爭因素

● 司機不足等問題成了限制條件
● 策略性的物流受到客戶青睞
● 決定成本結構，影響成本競爭力
● 必須因應需求變動與災害等風險

有策略且有目的的供應鏈網絡與物流型態，對供應力有直接影響

提升服務水準的倉庫階層化
與存貨分層配置

將倉庫與存貨分層，按輕重緩急部署存貨。

▋「倉庫分層配置」會影響與競爭力
有直接關聯的服務水準

倉庫的配置，與顧客服務水準有直接關聯。 倉庫若距離客戶很近就能立即交貨，所以能夠實現客戶「想立刻取得」之要求。另外，因為馬上就能送達，客戶做生意也不需要持有太多存貨。由於對客戶有好處，這種做法受到不少公司的青睞。**距離客戶很近的倉庫稱為「據點（depot）倉庫」。**

不過對公司而言，如果任何東西都存放在距離客戶很近的據點倉庫，庫存會變得非常龐大，所以要另外設置「**地區中央（center）倉庫**」或「**工廠中央倉庫**」，用來存放鮮少取出的物品。

據點倉庫距離客戶很近，因此規模小，而且會配合客戶設置許多倉庫。至於地區中央倉庫與工廠中央倉庫，則是保管鮮少取出的物品，並當作下游據點倉庫的供應基地。舉例來說，假如設置東日本中央倉庫，就會在關東或東北設置據點倉庫。

公司則根據需要，從中央倉庫補貨給下游的據點倉庫，或是直接配送給客戶。從中央倉庫補貨或直送，花費的時間比從據點倉庫立即交貨還多。雖然服務水準會下降，不過中央倉庫可以存放即使服務水準下降也沒關係的東西。

像這樣分層配置倉庫，不僅可以控制服務水準維持競爭力，還能防止存貨增加。

根據品項特性分層配置存貨

若要防止存貨增加，並適當部署存貨，**存貨也要根據品項特性設定「應該配置在哪個倉庫」**。換言之就是**將存貨分層配置**到有分層的倉庫。

要將存貨分層配置，得先根據應儲存到倉庫裡的品項之特性分門別類。必須考量的項目很多，例如客戶要求的前置時間、出貨頻率、客戶的需要程度（緊急度）、重量、溫度、形狀、使用期限等。公司要考量這些項目，討論存貨應該配置在哪個倉庫。

舉例來說，假如客戶要求的前置時間是立即交貨就選擇「據點倉庫」；假如是三天左右就選擇「地區中央倉庫」；假如是一週就選擇「工廠中央倉庫」。另外，出貨頻率也有影響。假如是每天出貨就可以存放在據點倉庫，假如是一個月出貨不到一次、鮮少取出的物品，存放在據點倉庫裡也只會滯留占空間造成浪費，所以存放在工廠中央倉庫。

雖然要考量的項目五花八門，但就算詳細研究，運用起來仍是不容易，因此建議挑可簡易分析的項目研究討論就好。

直送，以及按倉庫功能配置存貨

即便是鮮少取出的物品，如果客戶要求的前置時間很短，那就選擇**直接配送給客戶**。這種情況就不會設置據點倉庫。另外，有些物品是按照「工廠中央倉庫」⇒「地區中央倉庫」⇒「據點倉庫」這個順序，從上游往下游一邊補充一邊運用。愈上游的倉庫匯集的存貨愈多，並且負責補充下游倉庫。

依照生命週期配置存貨，
將產品或維修零件的庫存合理化

有些事業也會考慮依照產品生命週期配置存貨。剛開始販售時據點倉庫與中央倉庫都要增加存貨，到了快停售的產品生命末期則不存

放在據點倉庫，只存放在中央倉庫並且減少存貨，藉此降低賣不完的風險。

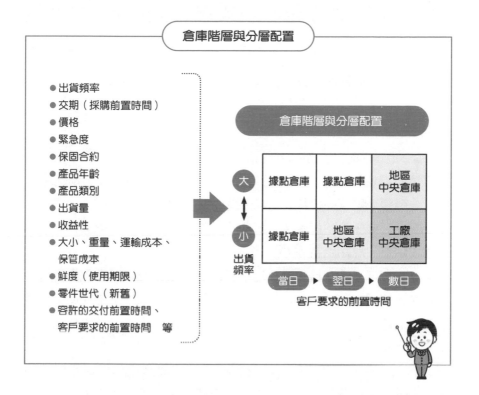

除了產品外，**修理用零件這類維修零件若依照生命週期配置一樣有好處**。有些公司從產品剛發售就增加維修零件的存貨，但明明沒發生故障卻還長期持有存貨也沒什麼意義吧。初期為故障準備的存貨先存放在工廠中央倉庫，等發生故障後再移到地區中央倉庫或據點倉庫，這樣就能控制庫存負擔。等產品本身逐漸退出市場，不再提供售後服務時，就將據點倉庫的存貨退回中央倉庫，如此一來就能縮減整體的庫存量，降低賣不完的風險。

　　產品與維修零件應該有很大的空間，能夠藉由依照生命週期部署的做法來適當控制存貨。

選擇生產方式，
兼顧強化競爭力與減輕庫存風險

適合生產方式的顧客訂單分歧點（decoupling point）之定義。

▌ 何謂顧客訂單分歧點？

在供應鏈網絡上，有個項目與存貨的部署同等重要，那就是「**顧客訂單分歧點**」。顧客訂單分歧點是指，接到**訂單時準備產品或零件，依照客戶要求的規格製造或出貨的庫存點**。

顧客訂單分歧點與生產方式有關。生產方式是指「**存貨生產**」與「**接單生產**」這類生產的方法。

舉例來說，「**存貨生產**」是根據需求預測或銷售計畫事先生產，**累積產品存貨**。而存貨生產的顧客訂單分歧點，就是「**最終組裝生產後的產品存貨**」。此時產品的規格已確定，所謂的依客戶規格出貨，頂多就是調整交期或改變包裝規格。

至於「**接單生產**」，則是接到**訂單後才採購原材料或零件（物料）進行生產**。客戶要求的規格依訂單而定，公司採購需要的特定物料，按照規格生產後出貨。如果採接單生產，得先規劃生產能力。另外，交期長的物料，要事先根據預測或計畫採購。

接單生產有各種型態，例如「**接單後組裝生產**」，是事先準備次組件（例如中間零件或模組零件那種組裝、加工到一半的零件），再按照訂單進行最終組裝的生產方式，而「**接單後客製化生產**」則可接受簡單的規格變更。

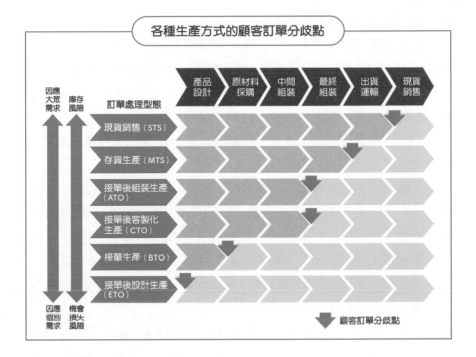

各種生產方式的顧客訂單分歧點

「**接單後設計生產**」是先從客戶規格討論著手，透過設計決定規格。設計確定之後才開始採購物料。

存貨生產簡稱為MTS（Make to Stock），接單生產簡稱為BTO（Build to Order），接單後組裝生產簡稱為ATO（Assemble to Order），接單後客製化生產簡稱為CTO（Configure to Order），接單後設計生產簡稱為ETO（Engineering to Order）。另外再介紹一個跟生產方式無關的名詞，「**現貨銷售用存貨**」簡稱為STS（Sell to Stock），指用於現貨銷售的存貨，不過這個詞鮮少有人使用。這些生產方式的顧客訂單分歧點如上圖。

▌選擇生產方式，
可兼顧提升服務水準與減輕風險

選擇生產方式，即是選擇顧客訂單分歧點。而**顧客服務水準與庫**

存風險，取決於顧客訂單分歧點。

舉例來說，如果選擇存貨生產，客戶可在較短時間內取得訂購的物品。因為物品送到客戶手中的前置時間，只經過接單、出貨、輸配送這三道程序。反觀接單生產，由於是接到訂單後才採購物料進行生產，得花費採購、生產、出貨、輸配送這段前置時間，因此客戶收到物品的前置時間比存貨生產長。**以顧客服務水準來說，存貨生產的水準要比接單生產高。**

不過，存貨生產得依照需求預測或銷售計畫事先準備存貨，因此會產生存貨資金負擔。另外，萬一預測失準，或是產品銷路不如預期，就會發生存貨長期滯留，或是賣不完的風險。

就庫存風險這點來說，接單生產既無產品存貨，物料也是依照訂單採購（部分交期長的物料除外），因此庫存風險較低。**接單生產的庫存風險也較存貨生產來得更低。**

不過，接單生產是接到客戶的訂單後才生產，因此送到客戶手上所花的前置時間比較長。跟存貨生產相比，接單生產的庫存風險較低，但服務水準卻會惡化。

如同上述，顧客服務水準與庫存風險呈相悖關係。**取得服務水準與庫存風險的平衡，選擇合適的顧客訂單分歧點，即可強化企業競爭力、降低成本與風險。**

此時的重點依舊是「**分層**」。有些客戶或物品，適合選擇存貨生產，有些則適合選擇接單生產。舉例來說，銷量大的品項就選擇存貨生產，而鮮少賣出，或是要配合客戶規格的品項就選擇接單生產，像這個樣子**分層選擇顧客訂單分歧點**。

另外，有些產業既定觀念很深，如果是顧客訂單分歧點已經固定的產業，有時能夠**藉由重新設定顧客訂單分歧點來獲得競爭優勢**。舉個舊例，電腦公司戴爾（Dell）就是因為將接單生產模式（當時稱為戴爾模式），帶進當時普遍採取存貨生產的電腦產業，才建立了競爭優勢。

▌設定自家公司的顧客訂單分歧點

因應變化，重新設定自家公司的顧客訂單分歧點，是一種非常有效的競爭優勢建立手法。我接觸過的產業當中，也有公司因為從接單生產改為存貨生產，最後成為業界最大企業。

雖然日本存在著「庫存是邪惡的」這種成見，但也是有公司因為改成持有存貨而使事業一飛沖天。第一名的企業採取存貨生產，反觀競爭對手仍標榜接單生產，第一名的企業因符合顧客的立即交貨需求，如今其營收規模與資金力無人能敵。

另外，也有公司因僵硬的顧客訂單分歧點而毀掉事業。某公司原本在中國工廠接單生產，後來中國工廠無法再像從前那樣有彈性地採購與生產，一再發生延遲交貨或缺貨的情況。經過討論後，該公司決定改採存貨生產（計畫式生產），將存貨儲存在香港倉庫，這才得以穩定生產且供貨無虞。

除此之外，還有公司將接單後組裝生產，引入普遍採取存貨生產的產業，不僅避免產品存貨滯留，並且藉由最終組裝後立即出貨之方式防止前置時間拉長，成功在不降低顧客服務水準的情況下，大幅降低庫存風險。

顧客訂單分歧點並非固定，可依照公司的想法重新設定。這是可取得強化並維持自家公司的競爭力，以及庫存風險之間的平衡，創造競爭優勢的手法，因此顧客訂單分歧點的設計是很重要的討論項目。

生產與採購的多供應商化
可維持風險與成本的平衡

生產據點與採購來源複線化的好處與壞處。

▌生產據點複線化的好處與壞處

生產據點複線化（多供應商化），是指在數家工廠生產同一種產品。 擁有數個生產據點的好處是可以「**降低風險**」。

當銷售突然增加使得生產吃緊時，如果只有一家工廠可以生產，供應就會停滯，導致缺貨與損失銷售機會。缺貨會讓客戶溜走，因此是很嚴重的打擊。這種時候，**如果能在數家工廠生產，生產就有辦法應付增加的需求。**

另外，當一家工廠因故障或事故等緣故而無法生產時，**如果有替代的工廠就能夠繼續生產**。如同上述，生產據點複線化有降低風險這個好處。

不過這麼做也有壞處，那就是**重複投資：要在數個據點製造就得投資設備；要維持業務與系統運作就得制定規則、實施教育、建構系統功能**。由於投資與管理業務複線化，不僅需要資金，生產成本也有可能增加。

假設我們不是在自有工廠生產，而是用外包工廠實現生產複線化。這麼做所需的投資與管理，仍舊跟增加數個自有生產據點不相上下，成本甚至有可能比自有工廠還多。而且**在外包法的規範下，訂單不能變更反而使生產僵化，或者為了保護外包工廠的收益，得委託他們進行不必要且不緊急的生產，搞不好甚至得把自行生產的東西轉給外包工廠生產，來保障外包工廠的運轉與收益。**

畢竟複線化還是有好處，公司必須研究與討論上述壞處自己能夠

容許、吸收到何種程度，再好好設計規劃。

▌採購來源複線化的好處與壞處

物料的採購來源複線化，也跟生產據點複線化一樣，都有「**可因應風險**」這項好處。例如**可應付臨時的物料請求，或是在發生事故等採購吃緊時能順利購買**。

不過，跟生產據點複線化一樣，擁有數個採購來源有時反而會成為累贅。公司有可能面臨，**受限於外包法而難以變更採購訂單，以及必須保證未來一定會購買廠商才願意供貨**等壞處。

另一個壞處是，**若向數家廠商採購，採購數量就得按比例分配，各廠商分到的採購數量就會減少，採購價格有可能居高不下**。

企業要將上述好處與壞處放在天秤上，評估是否要將採購來源複線化（多供應商化）。

▌要實現生產與採購的多供應商化，自家公司的SCM必須做到高度管理

生產或採購若是多供應商化，就必須實施高度管理。公司必須與數家工廠或採購來源進行計畫合作，以及共享與協調各供應商的生產能力限制或供應能力限制。另外也要事先決定，當準備好的生產能力或供應能力有餘時的處理方式或補償辦法，實際執行業務時必須按照訂好的規則處理才行。

由於需要配合自家公司內部的調整，來跟生產據點或其他廠商進行協調，有時還必須犧牲自家公司的短期利潤來換取長期的好處，因此需要建構高程度的SCM。

	好處	壞處
生產據點 複線化	・銷售突然增加、生產吃緊時，可在其他工廠生產 ・一家工廠發生設備故障、事故等狀況時，如果有替代工廠就能繼續生產	・設備、業務與系統建構得進行重複投資 ・必須保障數家工廠的運轉 ・為了保護外包工廠的收益，得委託他們進行不必要且不緊急的生產
採購來源 複線化	・能夠應付臨時的零件請求，發生事故等採購吃緊時能順利購買	・供應商受到外包法保護，採購訂單可能難以變更 ・有可能必須保證未來一定會購買，廠商才願意供貨 ・若向數家廠商採購，就得按比例分配，各廠商分到的採購數量就會減少，採購價格有可能居高不下

生產據點與採購來源複線化的好處與壞處

航空運輸與船舶運輸、
貨車與鐵路的成本平衡

利用附加價值、市場要求與品項特性來取得平衡。

服務水準與成本都很高的空運

無論國外運輸還是國內運輸，航空運輸（空運）的前置時間都是最短的，因此很受顧客與銷售商青睞。遇到需求突然增加或缺貨等情況時，使用空運也可在短時間內送達，因此就算需求預測或計畫失準，也能在短時間內因應處理。

另外，像高科技產品這類附加價值高、產品壽命短的品項，如果想早一點投入市場就可以選擇空運。

不過，空運的運輸成本高，除非是能吸收大部分成本的品項，否則並不划算。附加價值不怎麼高的品項或是產品壽命很長的話，就別選擇空運，改用船舶運輸（海運）。

根據產品附加價值或成本選擇船舶運輸

一般企業都是使用船舶運輸（海運）來運送貨物。**不過，使用海運必須選擇適當的裝貨港（起運地）與卸貨港（卸貨地）。**另外，**航路的選擇也很重要**。

成本因港口而異，運輸相關費用與船班安排也有所不同。有時與船公司交涉後，能找到有利的起運地。不過，海運的便利性差，雖然成本便宜，卻有可能遇到船班不穩定，一個月只有一艘船出海的情況，或是會經過許多中途港等。企業必須考量，自家公司的運輸要以成本為第一優先，還是以供應為第一優先，再做出適當的判斷。

另外，**若要考量陸運的成本，就必須選擇適當的卸貨港（卸貨**

地）。舉例來說，澳洲這類大陸國家的陸運成本很高，因此需要考慮在東西兩邊的港口卸貨之類的做法。

同樣的，像美國這種在太平洋與大西洋都有市場的國家，就必須選擇是只在西岸卸貨，或是也要在東岸卸貨。如果是從日本或亞洲起運在東岸卸貨，成本與運輸時間則視貨船是經由巴拿馬運河還是蘇伊士運河而有所不同。從前經由巴拿馬運河比較快，但現在也必須考量擁擠程度與成本。

有些公司會選擇在美國西岸卸貨，也有公司選擇在加拿大卸貨，再透過鐵路運送到美國。後來美國西岸港口恰巧發生罷工，當時經由加拿大運貨到美國的公司大多逃過一劫。

	航空運輸與船舶運輸的好處與壞處	
	好處	**壞處**
航空運輸（空運）	• 前置時間短 ⇒可應付緊急狀況 ⇒訂貨商只需持有少量存貨	• 物流費用昂貴
船舶運輸（海運）	• 物流成本便宜	• 依賴船班安排與船運週期 • 必須選擇適當的裝貨港（起運地）與卸貨港（卸貨地）

不要只靠貨車運輸，也要搭配鐵路或貨船

至於日本國內的運輸，卸貨地與倉庫的選擇同樣很重要。日本的陸運成本很高，因此最好選在工廠附近或市場附近卸貨。

另外，國內近來受到司機不足，以及減碳風潮的影響，**多了以貨車搭配鐵路或貨船的選項，不再一面倒地採用貨車運輸**。若要搭配貨船或鐵路就需要調整日程，但如果不是很急，而且重視成本的話，便利性略微下降也是可以容許的。另外，運輸要盡量做到無縫接軌，因此也要多花點心思安排，例如選擇可連同貨車一起載運的滾裝船（RORO船）。

對於以服務水準與成本的平衡，以及減碳為目標的國內運輸而言，運輸模式的選擇與設計同樣是重要的討論項目。

MINI COLUMN ❶　　　　　　　　　　　　動脈物流與靜脈物流

　　「供應商⇒工廠⇒配銷⇒最終顧客」，這種從供應鏈上游送往下游的物流又稱為「動脈物流」。反之，從供應鏈下游送往上游的物流則稱為「靜脈物流」。

　　靜脈物流以回收物流為主，負責回收資源回收物或需要特殊廢棄處理的東西。例如，回收醫院的手術器械或牙科器械，經過殺菌清洗後就可以再度出貨，或是回收寶特瓶之類的資源回收物、注射器之類需要特殊廢棄處理的東西。

　　由於社會對資源再利用與安全性的要求高漲，不光是動脈物流，靜脈物流也需要升級進化。

利用「採購物流」降低採購成本

物流改革對象當中，鮮少有公司著手改善的「採購物流」。

何謂銷售物流與採購物流？

所謂的物流，可按其方向分成兩個種類。一種是**銷售用的物流，即「銷售物流」，另一種則是採購物品用的「採購物流」**。

「銷售物流」是用來出貨，將產品或商品送到客戶手上賺取營收的物流。包括以分層後的倉庫為對象的補貨物流，以及與倉庫到顧客的輸配送有關的物流。假如設有銷售公司，從工廠到銷售商倉庫的輸配送也屬於銷售物流的範疇。

公司也容易把目光放在銷售物流上，實施各種改革措施，例如分層配置或共同輸配送等。

「採購物流」則是工廠或批發業、零售業等業者採購物品時所用的物流。包括供應商交貨、工廠間的貨物轉移等相關物流。

採購物流大多交由供應商負責

從供應商的角度來看，「採購物流」是他們的「銷售物流」。前面提到銷售物流領域已在進行改革，但與物料有關的物流其實沒做什麼改革。批發業的採購物流也一樣。

其中一個原因在於，**與採購有關的物流都是交由交貨者，也就是供應商負責**。雖然供應商以銷售物流的觀點做了對自己有好處的改革，但他們採取的措施未必對採購者有利。

另外，採購者也大多是將採購物流交由供應商負責，不去碰這個領域。因為他們認為，工廠只要訂貨與進貨就沒事了，中間的運輸與

交付是供應商的工作，而且只要供應商遵守交期與交付型態就行了。

▋在與供應商進行報價交涉的階段 就要留意「採購物流」

如果要清楚掌握採購的相關成本，達到降低成本的目標，就該著手改善採購物流，不要丟給供應商負責。

要進行改革，就必須知道採購物流的成本結構，**不過之前採購者大多將採購物流的物流成本與物料的進貨金額算在一起，不少公司都不曉得原始的採購物流成本是多少。**

這樣一來，**就算要降低成本也只是調降物料的單價罷了。公司必須自最初的報價階段，就將採購物流的相關物流費用從物料的進貨成本中分離出來**。除此之外，還要能夠分析變更物流方式後，會造成多大的成本衝擊。換言之必須在與供應商進行報價交涉的階段，將採購物流分離出來掌握清楚，交易開始後也要將採購物流費用分離出來收集資料並視覺化。

▋採購物流的改革措施①：工廠交貨（到廠取貨物流）

其中一種採購物流的改革措施，就是「**工廠交貨（到廠取貨物流）**」，也就是**採購者自行取貨**。

工廠交貨（到廠取貨物流）的優點是：**容易控制物流成本，以及採購者能配合自家公司的狀況控制服務水準。**

將混在進貨成本裡、不易改善的採購物流分離出來，由採購的公司自行管理，就能隨意組合物流的型態。採購者可以使用自家公司的貨車，或是向物流公司交涉貨車的成本，總之自由度變高了。接下來要說明的「milk-run（循環取貨）」，一樣也能依自家公司的狀況做安排。

交貨的日程，同樣可以配合採購者的狀況。若以定點定線配送之類的方式交貨，時間就不易掌握了。另外，交付的貨物也能好好地送

進倉庫，而不是放置在門口。總之**服務水準也可以由採購者控制**。

▌採購物流的改革措施②：milk-run（循環取貨）

繞到各個據點收貨的方法稱為「milk-run（循環取貨）」。因為就像牛奶業者到各個牧場收購擠好的牛奶，才將這種物流型態命名為milk-run。

如果使用一輛貨車，只從一個地方進行輸配送的話，裝載效率可能不高，因此**可以利用集貨方式來提高裝載效率**。假如貨車只要跑一趟就好，運行效率也會提升。

可由採購者來進行milk-run，也有物流業者當成服務來提供。

▌採購物流的改革措施③、④：
由中央倉庫一次交貨與VMI

還有另一種方法是設置中央倉庫，由中央倉庫一次交貨來提升效率。如果集中在商業設施或工廠交貨，而貨車塞在現場的話，不僅會引發交通堵塞造成他人困擾，還會排放二氧化碳。如果各供應商交貨到中央倉庫，再由中央倉庫按需求揀貨送到第一線，這樣就不會塞車，而且很有效率。

另外，交貨給零售之類的店鋪時，如果各供應商在不同時間送貨過來，收貨作業與擺貨作業就會變得很繁雜。假如是一次將所有貨物交付給店家，而不是由供應商個別送貨，收貨就能一次搞定，擺貨作業也會很輕鬆。

因便利商店之類的業者愛用而發達的「**按店揀貨**」這種中央倉庫交貨方式，對工廠、醫院、主題樂園、機場等設施而言也是一種有效的手法。

中央倉庫交貨這種方式，亦可進一步降低採購者的管理業務負擔。**這稱為「VMI（Vendor Management Inventory：供應商管理庫存）」，是將中央倉庫的存貨當成供應商資產，由供應商適當管理**

及補充存貨。採取VMI，採購者就不必管理庫存，也能減輕有關庫存的成本負擔。

　　如同上述，採購物流目前有各式各樣改善的手法能夠運用。將採購物流費用從進貨的成本中分離出來加以改善，可以說具有很大的意義吧。

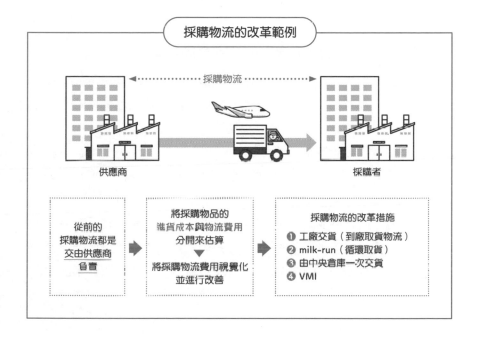

要選擇共同輸配送，還是單獨輸配送？
要使用自有物流，還是第三方物流？

採用因應司機不足問題的輸配送措施。

▋ 不把物流視為競爭因素的「共同輸配送」

　　日本國內物流已有很長一段時間面臨司機不足的窘況。能以便宜價格使用物流手段的時代早已結束。如今物流費用高漲，運輸手段變成了瓶頸。

　　許多原本自行管理物流的公司，紛紛開始在物流方面與競爭對手合作。從前就算提出來也不會實現的共同配送，現在已變成很普通的做法。

　　就**「將物品送到客戶手上」這點來說，物流算是一種「顧客接觸點」，從前企業將之視為控制自家服務的手段而十分重視，並且認為跟競爭對手合作是荒謬的做法。**在以前，就算自家公司與競爭對手都要送貨給同一個客戶，因而建議公司考慮共同配送，也只會挨罵「別亂出蠢主意」而被打回票。此外也常聽到企業擔心，選擇共同運輸的話，訂單金額與內容、銷售額等資訊會洩漏給其他公司。

　　但是，**無論在成本方面還是資源方面（司機與車輛），物流都成了很大的瓶頸，所以共同配送才能夠逐漸實現**。雖然選擇共同配送的話，必須跟競爭對手協商訂立規則，日本企業仍舊克服這類困難實現了這種做法。

　　總而言之，**企業是為了「停止在物流領域競爭，大家都以相同的服務水準進行輸配送，然後改在其他領域一較高下」這個目的**，形成「吳越同舟」之共識吧。

▌若著重競爭力就選擇單獨輸配送

不過，現在也出現堅持使用單獨的物流，把「在物流領域建立競爭優勢」視為策略性措施的公司。這類公司**將物流服務視為差異化因素，建構出其他公司模仿不來的物流服務**。

在產品已同質化的產業，無論是靠產品品質製造差異，還是靠成本製造差異，或是靠設計製造差異，全都變得愈來愈困難。在這種狀況下，物流服務就成了符合客戶的需求，得到客戶青睞的因素。

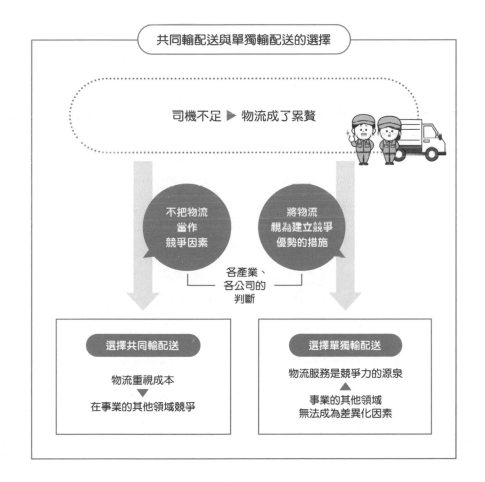

共同輸配送與單獨輸配送的選擇

司機不足 ▶ 物流成了累贅

不把物流當作競爭因素

將物流視為建立競爭優勢的措施

各產業、各公司的判斷

選擇共同輸配送

物流重視成本
▼
在事業的其他領域競爭

選擇單獨輸配送

物流服務是競爭力的源泉
▲
事業的其他領域無法成為差異化因素

舉例來說，像塑膠托盤之類的產業，很難靠產品製造差異，各公司的價格與設計也都大同小異。既然如此，公司可藉由提供服務，代替因人力不足而困擾的客戶收貨、拆箱、少量揀貨、進行庫存管理等，讓客戶用不著處理這類煩雜的管理業務來製造差異，使物流成為競爭優勢。

　　使用自有物流的話，就可以不使用紙箱大量配送，而是分成小批交貨，讓客戶不必持有多餘的存貨，並藉由節省人事費用與保管空間、減少存貨來改善資金周轉。

▌要選擇著重競爭力的自有物流，還是第三方物流？

　　關於物流，**常有公司採取「物流外包」之做法，委託外部業者來減輕自家公司的資產**。如果物流是固定的，而且物流並非競爭因素，那麼委託其他公司、採用第三方物流比較有效率。

　　不過，若考量司機不足之問題、如何應付突然增加的出貨量，以及想依據交通狀況（例如要經過都市地區的狹窄道路）靈活選擇貨車等，自有物流也是很重要的選項。不要只看成本，也要選擇有助於強化競爭力的物流。

 MINI COLUMN ❷　　　　　　　　　　**SCM 用語說明①**

　　SCM有各式各樣的簡稱用語，一般人應該會覺得複雜難懂，因此本書就利用小專欄簡單地補充說明。

● DFU（Demand Forecasting Unit）：需求預測單位
　　需求預測分成2種：按單品預測，以及按集合單位預測。這類單位就稱為「DFU」。DFU還可分成按產品系列歸類，以及按營業所或地區、國家等組織歸類。舉例來說，預測電視的需求時，可選擇按產品本身進行預測，或是按系列進行預測。

生產國的選擇會影響
成本、風險、服務的最佳化

若選擇在國外生產，應謹慎考慮成本、風險與服務。

▌ 若是以生產成本便宜為由來選擇生產據點，
遲早會面臨極限

在供應鏈網絡設計當中，會留下長期且重大影響的就是「生產據點」的選擇了。

多數日本企業因日圓長期升值、國內人事費用高漲，以及國外市場發展等緣故，紛紛將生產據點移到國外。其中特別大的原因就是，人事費用實在比日本便宜太多吧。當然還有因為日圓升值，讓企業判斷在國內製造的話會欠缺成本競爭力吧。從前，許多公司都在中國，或是馬來西亞、泰國、印尼等國家建設工廠。

然而，這些國家如今經濟起飛，人事費用也日益高漲。有些職種的人事費用還比日本人貴，此外也有許多人才為求更高的薪資或升遷而轉職。

由於經濟成長的國家薪資日益高漲，假如只是想要便宜的勞動力，那就只能再找更便宜的國家。實際上，不少公司都接著將工廠移到越南、菲律賓或孟加拉了。

可是，如果只是一味地追求便宜的勞動力，遲早會面臨極限。雖然人事費用在成本競爭上是重要的判斷指標，但現在不能只生產以這種低廉的人事費用製作而成的同質品，還必須開發附加價值更高，能夠吸收高額製造成本（包括昂貴的人事費用）的產品或服務。

▋不只成本，還要考慮風險、服務來選擇生產地

另外，有時也會發生無法單以成本便宜之觀點來判斷的情況。

每個國家都存在不同的風險。假如只因成本便宜就在當地建設工廠，之後有可能會面臨難以從當地抽身的政治或民生狀態、想轉移工廠也無法轉移的政治狀況、想撤退也無法撤退的狀況等風險。

除此之外，還可能發生只有生產的相關成本便宜，在服務方面卻有各種限制的情況。以物流服務為例，除了前面提到的船班很少之情況，還可能發生通關要花時間、貨物莫名其妙遭到扣留等，這類明顯降低服務水準的情況。

選擇在國外設置生產據點時，不要只看成本，風險與服務也要一併考量進去。

▋從中國撤廠以及回到日本國內生產之趨勢

尤其政治上的變化或經濟上的變化，會給製造據點的選擇增添難度。例如先前就因為貿易戰的影響，導致製造據點成了進出口的限制。之前也發生過政治對立引發的抵制風波。另外，近期還爆發瘟疫。當時口罩供不應求，掀起軒然大波。除此之外，還有發生災害導致物料進口停滯的風險。

進入本世紀後，世界情勢的不確定性有增無減。在這種不確定的狀況下，製造據點「回歸國內」的課題也被提出來討論。

在去工業化的國內重建製造據點，能夠創造工作機會，若以這個觀點來看，回歸國內也逐漸成了一個可考慮的選項。

生產國的選擇（國外據點與國內據點）

之前

追求便宜的成本，
移到新興國家等
國外據點生產

現在

新興國家也成長了，
成本日益高漲

為了追求更便宜的成本而轉移生產據點

但是，因為有舊生產國的限制，無法輕易轉移
&
因為有風險或限制，要持續追求便宜的據點
也愈來愈困難

選擇據點不要只看成本，風險與服務水準
也該一併考量

將據點移回國內也是選項之一

最後一哩路的競爭
與加速的物流機器人化

　　物流會影響企業的競爭優勢。例如網路零售業，就把物流納入自家公司的策略範疇，挑選物流型態，實施各種對策。就拿日本國內來說，亞馬遜與樂天等企業即是在「將商品送到最終消費者手中」的物流上競爭。

　　從物流倉庫送達最終消費者的物流過程，稱為「最後一哩路」。這個領域簡直就是最後所剩的物流新天地。而且競爭也愈演愈烈，從早期的翌日配送，轉變成當日配送，最後進化成數小時內配送。

　　印尼有用機車送貨的Gojek，菲律賓有外送食物的foodpanda，日本也有Uber Eats與出前館這類送貨給最終消費者的事業。究竟誰能攻下最後的新天地呢？這種混沌不明朗的狀態仍會持續下去吧。

● 人力不足加快了倉儲的機器人化、輸配送自動化與無人機化

　　由於人力不足，倉儲作業也投入更多的機器人與自動機。例如自動搬運機、讓儲料設備自動移過來再進行人工揀貨的設備，還有從自動分揀機進化而成、直接連結輸送裝置將貨物送到各處的自動搬運機等，倉儲作業的技術革新與設備投資也持續進行。

　　輸配送也會隨著自動駕駛技術的發展而逐步自動化吧。尤其是走高速公路的貨車運輸這類運輸方式，目前正在進行自動駕駛的實驗。另外，還有企業嘗試利用無人機送貨到遠地。SCM同樣也需要建構機制，靈活控制這些物流型態吧。

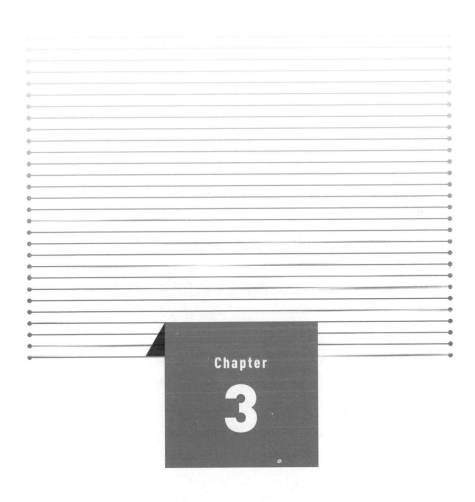

SCM的計畫是穩定供應
與成本＆限制最佳化的決定性關鍵

SCM的計畫正是
決定公司收益的起點

SCM即是事業計畫本身。3年計畫與預算是SCM的起點。

▌ SCM始於事業計畫中的3年計畫與預算

假如你將SCM視為業務執行中的一種機能，或許會疑惑「事業計畫與SCM有什麼關聯」。說不定還有人覺得，「3年計畫」與「預算」跟平常的SCM無關。

不過，**SCM就是事業計畫本身，事業計畫就是SCM本身**。為什麼這麼說呢？

前面提到，SCM的目的是**將合併收益最大化**。要達成目的，必須準備好創造收益的「體制」才行。公司要訂立未來的銷售計畫與利潤計畫，以及實現銷售與獲得利潤所需的資源計畫。這種計畫長期的有「3年計畫」，短期的有「預算」。

無論3年計畫還是預算，**都要訂立銷售計畫、生產計畫、採購計畫、設備投資計畫、人員計畫、經費計畫**。「銷售計畫」是未來的營收計畫。要能在未來賣出產品賺取營收，就得訂立所需的「生產計畫」與「採購計畫」。要實現生產計畫，就得訂立需要的「設備投資計畫」與「人員計畫」。另外，還要訂立銷售所需的「經費計畫」，以及跟銷售無關的其他經費計畫。

重要的是，**達成長期的「銷售計畫」或年度「銷售計畫」所需的「生產計畫」及「採購計畫」，同樣是以長期觀點訂定，而且過程中也會設計供應鏈網絡**。也就是先決定在哪裡製作、從哪裡進貨、在哪裡保管、在哪裡販售等這些SCM上的結構，再依據所需的設備投資及人員計畫大致決定生產能力。

此外，重要物料的可採購數量取決於長期的採購計畫。因為3年或當年度可用的生產能力與物料的採購數量有限制。於是，可製作、採購的品項數量也有限制，並成為營收的限制。

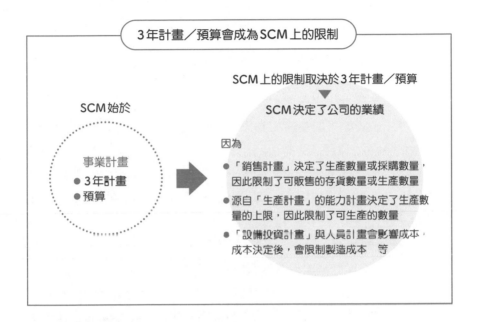

3年計畫與預算決定了SCM的目標、成本結構與限制

訂立3年計畫或預算時，會擬定銷售計畫、生產計畫、採購計畫、設備投資計畫、經費計畫，這些都是SCM的目標「合併利潤」之基礎。如此一來，新年度開始後所執行的每月或每週的「規劃業務」之目標、成本結構、限制就確定了。

這種時候，**計畫的妥當性就顯得很重要**。如果訂出輕率的銷售計畫、輕率的生產計畫、輕率的採購計畫，不僅計畫無法實現，還有可能反而讓公司的收益蒙受損失。另外，選錯生產據點，或是設備投資金額設定錯誤，同樣有可能對生產造成負面影響。

舉例來說，假設產品之前的銷售額只有10億日圓，公司卻一下子

訂出要賣20億日圓的計畫，並且規劃投資要將生產能力增加為2倍。假如計畫切合實際就沒問題。不過，如果是不合理的計畫，就有可能無法達成計畫所設定的銷售額，而過剩的投資則成了累贅，給公司造成損失。

不必要的設備投資，使得公司必須償還貸款，還要固定支出維持費、折舊費等，導致現金流惡化、成本增加。僱用人員就要支付薪水，而且即便是在新興國家生產，也不能視景氣好壞而輕易解僱或僱用當地人員，因此人事費用也會成為重擔。

另外，投資國外的生產據點後，也可能會遇到生產不如預期，工廠收益低迷而扯經營後腿的情況。一旦在國外設置生產據點，就得持續花費稼動成本與運輸成本。如果有「靠貨船大量運輸」之限制，不僅運輸要花時間，出口方也必須保有安全庫存，但即便有安全庫存仍可能無法應付突發性的需求變動。

3年計畫與預算，將會決定SCM的目標與成本結構，並且立下限制。換言之，**3年計畫與預算這類事業計畫是SCM的最上位計畫**。

在3年計畫或預算當中，**作為基礎的是在SCM中很重要的銷售計畫、生產計畫、採購計畫**。訂立這些基礎計畫時的重點，跟**每月或每週進行的SCM「規劃業務」**有一些共通之處。接下來會詳細說明各規劃業務的機能，請各位先記住「3年計畫與預算，以及每月、每週的計畫，都必須建構同樣的機能」，帶著這個認知閱讀之後的內容。

決定SCM供應力的需求計畫訂立方法❶

把需求預測當作武器

不過度追求精準預測，將需求預測的種類與使用方法當作武器。

▋需求預測有2種手法

需求預測的手法有2種。一種是「**統計預測**」，另一種是「**人工預測**」。

統計預測是運用統計手法進行預測的方法。統計預測當中有個手法稱為「**自迴歸模型**」，是**以過去的實績為基準，用自己的資料預測自己的未來**。

具代表性的自迴歸模型，有「移動平均法」、「指數平滑法」、「季節變動模型」、「季節趨勢模型」等。

移動平均法，是**推移（移動）過去幾次的資料來預測的手法**。舉例來說，假如過去3個月的資料分別是100、120、140，預測值就是（100＋120＋140）÷3＝120。

指數平滑法，是**賦予近期資料與過去資料不同權重的手法**。舉例來說，假設上個月的資料是140，上上個月的資料是100，近期的上個月影響較強，估計有80％左右，那麼預測值就是140×0.8＋100（1－0.8）＝112＋20＝132。

季節變動模型是**具季節性的預測**。假如11月的銷售額是120，12月是300，1月是90，就可預測銷售額會在12月來到高峰。假設去年的平均銷售額是150，那麼11月及1月的平均銷售額與去年平均銷售額的比率（季節指數）就是120÷150＝0.8與90÷150＝0.6，12月的指數則是300÷150＝2.0。若預測今年平均可賣到200，乘上季節指數，就能預測11月的銷售額是200×0.8＝160，12月是200×2.0＝400，1月是200×0.6＝120。

季節趨勢模型是**除了季節性，銷售額還有增加或減少之趨勢時，就加上趨勢一起進行預測**。假設銷售額每月增加10％，季節指數則如同前例，11月是0.8，12月是2.0，1月是0.6。如果根據10月以後的趨勢進行預測，且每月增加10％的話，11月是200，12月是220，1月是242，然後再乘上季節指數，所以11月的預測值就是200×0.8＝160，12月就是220×2.0＝440，1月就是242×0.6＝145。

使用季節趨勢模型時，如果趨勢都朝單一方向發展，數值就會無限增加或歸零，因此要注意使用方式。

▌其他的統計預測模型

自迴歸模型還有其他模型，例如從季節趨勢進化而成的「Winter法」、「Holt-Winters法」，以及用來預測鮮少賣出的產品（間歇性需求品）發生時間段與發生次數的「Croston法」等。

另外也有非自迴歸型，而是以各種要因因子進行預測的模型。例如用市場規模乘以自家公司市占率的「基於市場規模與市占率的預測」，或是用市場上現存的自製品乘以消耗品更換率或故障率，預測維修零件需求量的「基於整體裝機量的預測」等。

▌統計預測的好處與問題

由於統計預測是根據統計公式來定義，不僅能夠驗證，也可調整（tuning）參數進行改善。假如必須使用大量資料進行預測，但又無法一一進行人工預測的話，統計預測就是事半功倍的預測工具。

不過，統計預測也有壞處與問題。第一個問題是，**不確定統計模型是否真的符合現實**。

其實很多時候，現實中的實績資料無法直接套用統計公式，而用這種資料計算的統計公式本身精準度就不高。如果資料品質差，只要補充修正資料就好，但要判斷資料的好壞、能否排除某筆資料卻很困難。換言之就是會面臨，統計公式的套用問題與資料精準度問題的雙

重夾擊。

　　此外，**建構、維持、維護統計模型需要一定程度的統計知識**。換言之就是需要專家，但能否保有、培養專家卻是個問題。另外還有個風險是，一不小心就會**發生業務因人而異、模型黑箱化之狀況，導致統計模型難以維持下去**。

　　雖然現在也掀起嘗試以AI（人工智慧）解決這種邏輯難處的趨勢，然而實在不容易。例如過去的出貨量資料這類樣本數，通常沒多到能保證統計的精準度，因此這種做法必須在精準度足以讓人信服的情況下使用，而且因為資料包含異常值或雜訊，要做出絕對正確的預測十分困難。

　　不過，假如判斷一般的精準度就夠用的話，也是可以運用這種預測手法。舉例來說，如果是品種過多無法進行人工預測，而且就算預測失準也不會給庫存帶來多大風險的產業，就能夠使用統計預測。

▍人工預測並非一無是處

　　運用統計的需求預測並非最佳的預測方法。由人來預測的「**人工預測**」也能達到一定的精準度。多數企業都是採用人工預測。

　　下一節會提到，訂立銷售計畫時，如果無法接受統計預測，就會由人來補充修正，或是將促銷活動之類由人做決策的資訊反映進去。既然最後都要納入人的想法來補充修正，倒不如一開始就由人來預測，這樣還比較省事。

　　人很厲害，雖然靠的是無法言說的「直覺與經驗」，但能夠依案個別進行預測，有時精準度還出乎意料的高。與其花龐大成本建構統計預測系統，之後還要再花成本維護，培養人才進行人工預測還比較合乎經濟原則。

需求預測有2種手法

統計預測	人工預測
使用統計模型來預測	人憑著「大概的感覺」預測
● 模型化（擬合） ● 模型的維護 ● 雜訊的排除	● 直覺與經驗（以及膽識）
優點：可改善、合理化 缺點：運用成本高、高階	優點：省錢、簡易 缺點：難以改善、因人而異

雖說是憑「直覺與經驗」，其實人在預測時也會用頭腦裡的迴歸模型進行分析，以及考量各種要因因子。畢竟是由人來預測，當然有失誤的風險，但統計預測也有同樣的風險。不過，人工預測這項業務過度局限於特定執行者、黑箱化，精準度也因人而異，因此**缺點就是難以維持業務與預測精準度**。

總之重要的是，**統計預測未必最好，人工預測也並非一無是處，選擇與建構業務時要有這樣的認知**。

▌需求預測的DFU設定與資料分析、資料保留的重要性

如同小專欄②的說明，無論採用統計預測還是人工預測，「**DFU（需求預測單位）**」的設定都很重要。由於精準度會因預測所用的DFU而出現落差，**若要設定適當的DFU，資料分析就變得很重要**。

另外，**如果希望預測精準度有一定的水準，就必須保留時間夠長、數量夠多的實績資料**。建議至少要保留3年份的實績資料。

▌判斷需求預測精準度的指標

判斷預測精準度的指標也有好幾種，具代表性的有「誤差率」、「絕對誤差率」、「標準誤差率」等。

使用誤差率的話，正負誤差會互相抵銷，如果要用更正確的誤差率進行評估，可以使用絕對誤差率或標準誤差率。

單純評估的話，只要按預測的時間段（time bucket），比較預測值與實際值的差距就夠了。舉例來說，就算比較之後11月是－30（－30％），12月是＋60（＋60％），1月是－5（－5％），仍足以評估精準度的高低。

▌預測只是預測，過度追求精準預測是輕率的行為

預測只是根據實績或要因因子推定未來罷了。不僅依賴實績或模型的精準度，也依賴預測者的經驗與技能水準。畢竟是在現實世界這個非數學的理想狀況下預測，預測結果無法達到百分之百精準。

既然這項業務有這樣的限制，**與其過度追求精準預測，更該以預測失準為前提，有計畫地補充修正，使公司能夠應付變動風險**。經常看到有些公司為了追求精準預測，花費龐大的時間與系統建構成本，但最後大多白白浪費了。在實務上最好抱持「預測只是預測」這種態度，以免犯下同樣的錯誤。

$$誤差率 = \frac{\sum(實際值-預測值)}{\sum 實際值}$$ ➡ 表示
總量的差異

$$絕對誤差率 = \frac{\sum|實際值-預測值|}{\sum 實際值}$$ ➡ 表示實際值
與預測值的
差異（絕對誤差）

$$標準誤差率 = \sqrt{\frac{\sum(實際值-預測值)^2}{\sum(實際值)^2}}$$ ➡ 表示實際值
與預測值的
離散程度
（標準誤差）

▌認識預測的必要性與預測專員的培養

之所以過度追求精準預測，是因為公司內部並不曉得數學上的精準度是有限制的。因此，首先**必須在公司內部推廣普及一定程度的數學素養**。這是管理的職責。

此外，**還需要培養預測專員**。日本企業有輕視專業的傾向。預測專員必須是統計專家，可以的話也必須是行銷專家。別把預測丟給通才者或看似能用的人負責，應該認真培養專家，有需要的話就該聘僱專家。

不過，也要避免全丟給專家負責，導致業務黑箱化、為特定人專屬。**日本企業必須具備，明確定義工作、評鑑工作品質的能力。**否則無法善加運用專家，提升業務水準，最後就會失去競爭力。

透過促銷活動等擴大銷售計畫
反映人的想法，以及整合數種銷售計畫

整合數種銷售計畫，可提高SCM的整合度。

▌將促銷活動這類有意圖的需求計畫
反映到銷售計畫上

　　無論採用統計預測還是人工預測，都有可能發生預測與銷售計畫不一致的情況。大多是因為，銷售計畫還要再加上促銷活動這類擴大銷售計畫的特殊需求。

　　價格政策就是具代表性的例子吧。好比說**有種銷售方式是先降低價格，增加銷售數量，之後再增加總銷售額**。如果實施大量的降價、決算期的降價、季節性促銷活動的降價等業務銷售政策，卻沒將增加的需求反映在計畫上，就有可能會缺貨。

　　另一種方法是**利用包裝來擴大銷售**，例如3個1組、10個1組，或是多送1個等。還有一種是**實施行銷措施的擴大銷售計畫**，例如運用電視廣告、傳單廣告、網路廣告等。

　　這類**喚起「有意圖的需求」的擴大銷售計畫，必須反映到「銷售計畫」上才行**。這種時候，預測值是簡單增減還是直接變更，會影響資料的處理方式、規劃業務的工時、計畫資料的保留與日後能否評核、系統功能等，因此必須仔細做好業務設計。

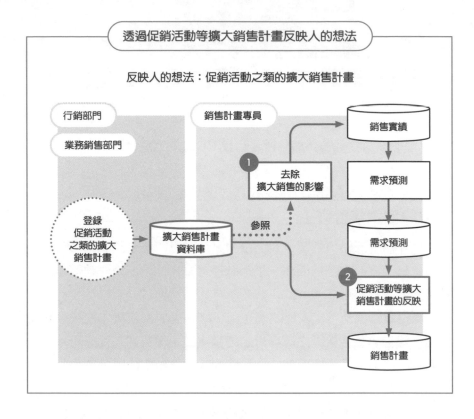

業務員的銷售計畫、業務銷售部門的銷售計畫，以及生產部門的銷售計畫

另外，銷售計畫不見得都是由業務員個人自行訂立。有些公司是先由業務員擬定，假如合計部門內的銷售計畫時發現未達預算目標，就會由部門來「灌水」調整。

除此之外，還有一種情況是行銷部門與業務銷售部門各自訂立不同的銷售計畫。這種時候，如果業務銷售部門與行銷部門沒將銷售計畫整合起來，公司內部就會存在數種計畫。

同樣的，假如需求預測也做好了，就必須設法將需求預測與業務銷售部門的計畫、行銷部門的計畫整合起來，否則公司內部就會存在數種計畫，無法形成共識，導致業務不協調。

　　另外，有些公司的生產部門會訂立相當於銷售計畫的計畫。這種情況是因為業務銷售部門無法讓人信賴，或是業務銷售部門只以金額來訂立銷售計畫，生產部門才會代為擬定計畫，運用在生產計畫上。

　　這種時候也可能發生，業務銷售的銷售活動意圖未被考量進去，而業務銷售與生產各自執行未整合的計畫，結果一再發生缺貨，以及賣不完導致存貨滯留之情況。

　　銷售計畫是公司用來賺取營收的計畫，而且這種計畫是要銷售各項產品，因此銷售計畫的根基應以單品為單位來規劃。當然，有些公司是由個別業務員以單品計畫堆疊起來構成銷售計畫，也有公司是銷售計畫專員與需求預測專員、行銷專員合作，有組織地擬定計畫。

　　無論何種情況，**基本上公司都是以單品為單位，有計畫地生產、採購用於銷售的存貨，所以要建構訂立及共享各部門均有共識的銷售計畫之業務與機制。**

　　假如內部有好幾種銷售計畫且全都個別執行，公司就很難實施有共識的活動，這樣不僅會增加供應的難度，也會無法控制庫存風險。因此，**內部必須建立、共享訂立由公司整合的銷售計畫之程序。**

　　大致的流程是：分析過去的實績 →需求預測⇒將行銷部門的擴大銷售計畫反映在銷售計畫上，並且共享＆達成共識；將業務銷售部門的擴大銷售計畫反映在銷售計畫上，並且共享＆達成共識；與生產部門共享。

　　不過，這種業務流程也是因公司而異，並非所有公司都一樣。業務設計要跨組織進行，仔細建構自家公司的銷售計畫訂立程序。

決定SCM供應力的需求計畫訂立方法❷
與業務銷售流程管理的串聯

業務銷售流程的階段管理必須與SCM連動。

▋B2B事業訂立需求計畫時的特徵：
業務銷售流程管理

如果說**將販售消費財的公司歸類為B2C（Business to Customer），販售生產財的公司便可歸類為B2B（Business to Business）。**

B2C大多是一面預測需求或推出促銷活動，一面以大眾為銷售對象訂立銷售計畫。

反觀B2B的客戶是特定的公司，也有不少產業是邊談生意邊進行業務銷售活動。這種公司當然也有預測需求與訂立銷售計畫之類的業務，此外他們**談生意還有分階段**，也就是配合平時的業務銷售活動，管理與客戶談生意的狀況並修正銷售計畫，獲得預測訂單或正式訂單後，出貨或安裝產品，最後計入銷貨收入。

「業務銷售管理」即是依照上述的流程管理談生意的狀況，並隨著階段的進展努力達成爭取到訂單的目標。有些公司則是把焦點放在個別案件上，稱這種管理為「**案件管理**」。

大致來說，業務銷售管理程序是有「**階段進度**」的。起初是「**企劃階段**」，**這個階段要企劃給客戶的提案。**先規劃要賣哪件產品、在什麼時候賣、要客戶購買多少，然後訂立推銷計畫。

接著是「**洽談階段**」。這是**接近洽詢的階段，依提案或客戶的狀況，詢問對方何時需要這個產品、需要多少數量**。有些客戶願意採納企劃，也有客戶會打回票，不過只要進入洽談階段，案件就有機會成

交。當然，成交之前的預估精準度有高有低，因此這個階段需要判斷是否要訂立銷售計畫。

接下來是「**規格討論階段**」。這個階段**要討論客戶要求的具體規格，並且指定品項，作為報價的先決條件**。

之後是「**報價階段**」。**要製作報價單，必須知道指定的品項、指定的規格、規格所需的追加製造之工時等資訊**。另外，到了報價階段就个難預估成交機率，假如這只是多家報價中的「陪榜」案件就降低重要度，把重心放在確實能接到訂單的案件上，進行業務銷售活動。

結束報價交涉，私底下確定客戶會下訂單後就進入「**預測訂單階段**」。**得到預測訂單就代表確定爭取到訂單，這時就要請生產或採購動起來了**。

之後正式接到訂單就進入「**接單階段**」，要進行未交貨訂單管理，在銷貨預測上這是確定成交的案件。最後是「**銷貨階段**」，依照出貨或安裝產品之類的銷貨收入認列標準，計入銷貨收入，這樣就結案了。

▍使業務銷售管理程序與生產計畫、採購計畫連動

B2B的生產財，有些要花時間加工或組裝，而且採購也要花時間，有些東西無法中途追加訂購。遇到這種狀況，必須配合談生意的進度先行準備，否則有可能來不及生產或採購，最後趕不上客戶的交期。

這種狀況**必須配合談生意的進度，在接到訂單之前就先採購物料，進行生產**。舉例來說，寫好報價單後，先採購交期長（日文稱為足長）的物料，或是得到預測訂單後先生產，這類協同合作業務是不可或缺的。總之，必須追蹤每個案件的業務銷售階段進度，在「需要的時候」「按需要的數量」準備「需要的東西」。

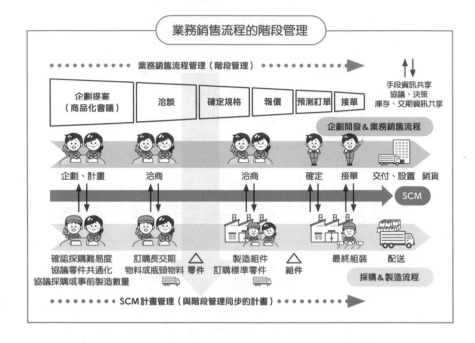

業務銷售流程的階段管理

業務銷售流程管理（階段管理）

| 企劃提案
（商品化會議） | 洽談 | 確定規格 | 報價 | 預測訂單 | 接單 |

手段資訊共享
協議、決策
庫存、交期資訊共享

企劃開發＆業務銷售流程

企劃、計畫　洽商　　　洽商　　確定　接單　交付、設置　銷貨

SCM

確認採購難易度　訂購長交期　　製造組件　　　　最終組裝　配送
協議零件共通化　物料或瓶頸物料　訂購標準零件
協議採購或事前製造數量　　零件　　　　組件

採購＆製造流程

SCM計畫管理（與階段管理同步的計畫）

　　不過，有時事先準備了物料或產品，之後卻發生滯留，或是只能賣給特定客戶的情況。這種情況的問題出在，業務銷售階段進度與接單的「成功率」。

　　成功率低的案件，若是事先製作產品或購買物料，萬一剩下來就會對公司造成打擊。若考量庫存風險，追蹤業務銷售階段進度時，也必須追蹤案件的成功率。

　　另外，有時就算不清楚成功率多高，但因為一定要爭取到案子，此外也為了避免接到訂單後給客戶添麻煩，公司仍得自負風險先行採購或先行生產。此時需要做出，能兼顧營收與自家庫存風險的決策。

　　要讓業務銷售、生產、採購這些部門，考量成功率、訂單的必要度、客戶的重要度與失單風險、生產或採購的限制與庫存風險，找出公司該選擇的最佳解，就**必須將業務銷售管理程序與生產計畫、採購計畫串聯起來執行業務**。

決定SCM供應力的需求計畫訂立方法❸

客戶預測訂單的運用與共同計畫

客戶提出預測訂單時的協同合作與注意事項。

▌有些B2B的客戶會提出預測訂單

在B2B產業，有時客戶會提出「**預測訂單**」。像汽車產業之類的領域，一般都會提出預測訂單。

預測訂單會在日後變成客戶正式下的訂單，因為客戶也希望下單後能立刻交貨，才會**先提出預測訂單，希望對方事先準備**。

由於之後就會正式下單，**公司可將預測訂單運用在銷售計畫上**。如果有客戶的預測訂單，將這個預測訂單用於銷售計畫，計畫的精準度也會比自行預測來得高。

另外，**預測訂單是具有交易責任的資訊**。如果是正派的客戶，就會重視預測訂單，而且提出預測訂單即表示，希望公司確保之後正式下單時供貨無虞。如果雙方有經過正式的業務交涉，就該重視預測訂單將之當成計畫採用。

▌預測訂單的運用方法，以及反映在
　　銷售計畫、生產計畫、採購計畫上

獲得預測訂單後，就將預測訂單運用在銷售計畫上。不過，預測訂單提出的時間範圍不長。大部分的預測訂單，頂多是預測未來幾週到2個月左右的需求。在此之後的時間不是沒提供預測，就是只提供沒有交易義務的預定計畫資訊。

對於預測訂單未提及的未來一段時間，自家公司有必要自行訂立銷售計畫。假使有預定計畫資訊仍然有風險，因此若採用預定計畫資

分類	內容	交易責任
預定計畫	共享預定計畫資訊 事前的應對交由供應商判斷	客戶沒有交易責任（極少數客戶會連客製化物料〔獨家物料〕都承諾收購）
預測訂單	可依照預測訂單生產、採購	訂購方有交易責任
正式訂單	按照訂單出貨，或是生產產品	訂購方有交易責任

預測訂單的運用

取得穩定供應與庫存風險的平衡，依據預測訂單做準備，就能建構跨越公司藩籬的 SCM

訊作為銷售計畫，就必須考量到預定計畫落空的風險。

無論是運用自家公司的預測，針對預測訂單未提及的未來一段時間訂立銷售計畫，還是運用預定計畫資訊訂立銷售計畫，兩者都有風險，因此都要利用安全庫存來吸收風險（關於安全庫存，之後會再詳述）。安全庫存除了用產品存貨來估算，也可以儲存未製成產品的零件，當作計畫成功或失敗時的緩衝材。關於預定計畫，也有客戶公司連客製化物料（或稱為「獨家物料」）都願意保證收購。

預測訂單也一樣。雖說預測訂單有交易責任，但有些客戶向來不白紙黑字寫清楚，只是按照慣例提出預測訂單。這種情況就存在著風險，因此要考量這個風險，並將風險反映在庫存計畫上。

▌預測訂單的正確度，以及企業間的協商問題與對策

如果預測訂單的正確度不高，自家公司就必須為正確度的落差做好準備，不過**可以的話最好還是透過合約，與客戶協議預測訂單的處理事宜**。

舉例來說，雙方事先約定，如果預測訂單與正式訂單的實際差距為±20％時，是要準備可應付高出20％之差值的安全庫存，或者是準備零件存貨來因應兩者的落差。約定即是保證，但超出協議的變動就無法應付了。

無條件接受客戶的說詞不能算是做生意。**如果勉強去做實際上辦不到的事，成本就會增加，公司無法獲利，還會增加風險。**儘管有些客戶會提出非常不合理的要求，**雙方仍必須好好協商，保持與共享客戶提出的預測訂單正確度，使彼此的事業都能正常營運**。

也有部分客戶公司會強迫供應商採取「JIT」（Just-In-Time：及時制度），硬要對方持有存貨，卻又不保證一定會交易。

這種公司並未將供應商視為SCM上的合作夥伴，將本來應該共享、分攤的風險全推給另一方。供應商應該要逐漸減少對這種公司的依賴。因為SCM既是跨越公司藩籬的業務合作，亦是彼此事業的協作。

將銷售公司與倉庫網絡的庫存 合理化的「進銷存計畫」

規劃銷售公司與倉庫的庫存計畫，訂立適當的進貨計畫。

▌ 用來準備倉庫（庫存點）存貨的進銷存計畫

銷售的計畫訂好後，**接著要規劃用於銷售的庫存計畫，訂立「倉庫（庫存點）」的進貨計畫**。從數層的銷售計畫中選出由公司整合達成共識的銷售計畫後，先訂立「**庫存計畫**」使銷售能照計畫進行，再訂立「**進貨計畫**」來準備需要的存貨。三者合稱為「**進銷存計畫**」。有些公司則使用「PSI」這個簡稱，稱這三者為「**PSI計畫**」。

訂立庫存計畫時，不可缺少「**標準庫存**」。這是**足夠實現銷售計畫，並且考量過「銷售不如預期時得吸收計畫與實績的差距」這項風險的計畫**。以標準庫存為依據的庫存計畫，是用於下個時間段（time bucket）的銷售。關於標準庫存，我會在下一節說明。

在進銷存計畫中，指定時間段的進貨計畫是這樣計算的：

進貨計畫＝－前期剩餘庫存＋銷售計畫＋標準庫存

假設前期剩餘庫存為10個，銷售計畫為100個，標準庫存為200個，進貨計畫就是「290個＝－10個＋100個＋200個」。

▌ 串聯各庫存點的需求鏈計畫

這裡計算出來的進貨計畫，是訂立進銷存計畫的庫存點所需要的進貨計畫，因此這個數字是向下一個庫存點（倉庫）或工廠、供應商要求的進貨量。由於進銷存計畫將各個庫存點與工廠、供應商串聯起來，這個計畫稱為「**需求鏈計畫**」。以概念來說，就是各個庫存點的進貨計畫與銷售計畫（出貨計畫）串聯起來形成一個連鎖（PSI

⇦ PSI ⇦ PSI ⇦ PSI）。因為每個庫存點都有「進銷存計畫（PSI計畫）」，於是形成一個PSI連鎖。

▌是否要採納PSI連鎖、前置時間逆推與運輸限制？

當PSI串聯起來時，庫存點之間不可缺少運輸。如此一來，各庫存點之間就得花費運輸前置時間，**因此有時必須錯開計畫的時間段。**舉例來說，如果在10月第1週開頭進貨時，運輸要花上1週的時間，那麼計畫就得要求供應商在9月第4週開頭出貨，這即是供應鏈網絡上游庫存點的出貨計畫時間段。而這種考量前置時間（LT）的PSI連鎖稱為「**前置時間逆推**」。

另外，如果運輸有能力上的限制，就得視需要將運輸限制納入考量。舉例來說，假如貨車每週最多只能渾送8公噸的貨物，當採購請求是要進超過8公噸的貨物時，就必須選擇是要直接串聯8公噸的PSI，還是考量限制，錯開會超過8公噸的進貨時間點，再將計畫串聯起來。

至於要選擇忽視限制，利用另外包車之類的方式設法送完貨，還是要重視限制，將限制納入考量調整計畫，則依公司訂立計畫的方針來決定。

另外，將運輸限制納入考量時，**也可以先換算成運輸成本，將運輸成本最小化，然後再訂立計畫。**

要訂立以運輸成本最佳化為目標的計畫，必須建立成本計算／估算模型才行，而且還要能根據成本最佳化計算結果有彈性地變更運輸計畫或指示，否則就沒意義了。因此，建立業務時應充分研究討論是否要採納。

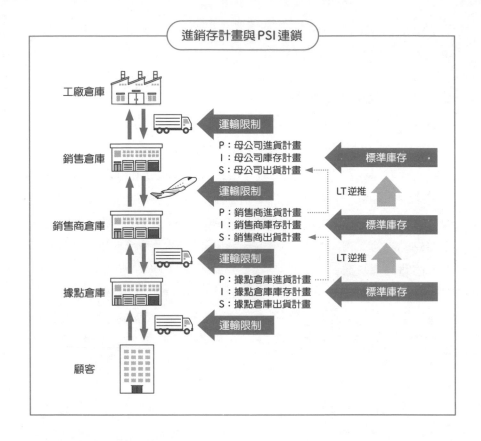

図 進銷存計畫與PSI連鎖

工廠倉庫

運輸限制

P：母公司進貨計畫
I：母公司庫存計畫
S：母公司出貨計畫

標準庫存

銷售倉庫

LT 逆推

運輸限制

P：銷售商進貨計畫
I：銷售商庫存計畫
S：銷售商出貨計畫

標準庫存

銷售商倉庫

LT 逆推

運輸限制

P：據點倉庫進貨計畫
I：據點倉庫庫存計畫
S：據點倉庫出貨計畫

標準庫存

據點倉庫

運輸限制

顧客

▌將倉庫之間的補充，
視為規劃業務還是補貨業務的差異

倉庫這類庫存點之間，可以先訂立未來時間段的計畫與PSI計畫，也可以不訂立計畫，每次有需要時就根據簡易的補貨計算來提出補貨指示。

補貨計算並非「規劃業務」，而是「執行指示業務」的依據，但因為補貨計算不可缺少再訂購點（標準庫存）、LT、安全庫存這些作為基礎的再訂購點觀念，這裡就先稍微提一下，下一節再說明標準庫存等觀念。

標準庫存與安全庫存的觀念，以及各種設定方法

區別週期庫存與安全庫存，設定標準庫存。

▌ 標準庫存是週期庫存加上安全庫存

關於計畫庫存的計算，大部分的書籍都未嚴格且明確地區別與定義「標準庫存」及「安全庫存」，一下子就進入統計的領域，讓人看得一頭霧水而陷入混亂。這是因為，一般人不曉得所謂安全是指什麼，以及安全到底是針對什麼的「安全」。本書就先下定義再使用這些詞彙吧！

▪ 標準庫存：

這是足以用來銷售，而且也把風險估算進去的存貨數量，包括**銷售用的存貨（週期庫存）**與**因應風險用的存貨（安全庫存）**，可用以下的式子來表示：

> **標準庫存＝週期庫存＋安全庫存**

什麼是「**週期庫存**」呢？這是**與在計畫時間段內訂立的銷售計畫一致的庫存**。舉例來說，如果訂立在次月時間段賣出100個產品的計畫，這100個就是週期庫存。

▪ 週期庫存：

與在計畫時間段內訂立的銷售計畫一致、用來銷售的存貨。

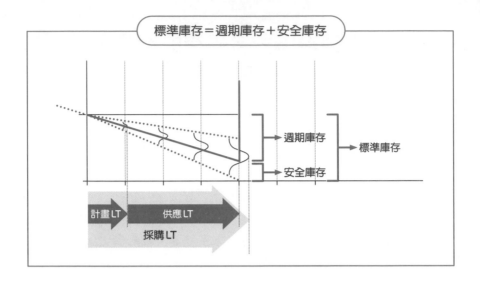

標準庫存＝週期庫存＋安全庫存

週期庫存
安全庫存
標準庫存

計畫LT　供應LT
採購LT

　　那麼，銷售計畫能達成預期的銷量嗎？銷售計畫是預測未來需求後訂立的計畫，因此不見得一定會達成目標。計畫失準的情況反而占大多數。而為了因應失準的情況所設想的、即使計畫失準仍足夠販售的存貨就是安全庫存。

▪ 安全庫存：

　　即使因變動導致預測或計畫失準也足夠使用、為了這種情況所準備的存貨。

▌ 以統計手法計算的安全庫存基本觀念

　　那麼，接著就來談談一般所說的「安全庫存」的基礎吧。安全庫存**考慮的是實際銷量與作為標準的計畫相差多少**。因此要計算，即使準備了週期庫存仍然相差多少。這種時候是把週期庫存視為準備的平均值，所以要思考實際值與這個平均值的差距。

　　假設週期庫存為100個，那就以統計觀點去思考實際銷量會與這100個相差多少。

在統計上，這種離散會呈「**常態分布（鐘形曲線）**」。與平均值的落差則以「**s＝σ（標準偏差）**」來表示。畢竟本書不是統計相關書籍，有關統計的部分這裡就不詳細說明了。總之我們可以使用這個 s 來討論，能夠容許多大的差距。

> 1s：能夠容許的擬合率＝68%
>
> 2s：能夠容許的擬合率＝95%
>
> 3s：能夠容許的擬合率＝99.7%

在實務上，因計畫失準而缺貨的情況屬於正偏差，所以將上述數值重寫成缺貨的機率就是：

1s：缺貨機率＝（100－68）÷2＝16%

2s：缺貨機率＝（100－95）÷2＝2.5%

3s：缺貨機率＝（100－99.7）÷2＝0.15%

缺貨率會隨 σ 考量到哪個程度而改變。s前面的1、2、3之係數稱為「**安全係數（α）**」。

接下來的問題是，這種計畫失準的情況要能撐多少個時間段。這裡的時間段是指「計畫週期的時間段＋從規劃、指示到下次入庫為止的時間段數量」。舉例來說，如果時間段以週為單位，而計畫要花1週，指示到下次入庫要花3週的話，那麼只要能撐住4週LT多出的變動就好。這個時間段稱為「**採購前置時間（LT）**」，是計畫LT與供應LT的總和。安全庫存則用以下式子計算：

$$安全庫存 = \alpha \times s\sqrt{LT}$$

LT會變成$\sqrt{LT}$，是因為在統計上，計算標準偏差時是將變異數開平方根，請各位直接記住這個邏輯。如果你實在很介意，請自行參考統計相關書籍喔！

假設週期庫存是100，而為了盡量避免缺貨，安全係數設為3，離散（標準偏差＝s）為10，LT是4週的話，安全庫存與標準庫存分別是：

$$安全庫存 = 3 \times 10 \times \sqrt{4} = 60$$
$$標準庫存 = 週期庫存 + 安全庫存 = 100 + 60 = 160$$

▋ 實務上，簡易的標準庫存定義就夠用了

使用這種統計手法計算安全庫存時，不只需要具備統計知識，**還要有足以用於統計計算的實績資料**。資料很少，或是覺得困難而運用不了都是現實中常見的情況，因此使用統計手法計算標準庫存的公司並不多。

如果是上述的情況，就會使用**簡易的標準庫存**。簡易的標準庫存是用簡易的算法算出來的，例如「2個月份的存貨」或「銷售計畫值乘以2倍的存貨」。這是根據過去的實績或經驗的判斷，來決定「只要有2個月份的存貨就夠用，不用擔心缺貨」。

這種**簡易的標準庫存不僅簡單易懂，也很容易維護，如果精準度具有一定的水準，在實務上就夠用了**。

反之，如果要算得更精細一點，也可以在計算離散（s）時，用計畫值與實際值之差異的離散（s）計算，而不是使用實績的離散。

不過，跟統計預測一樣，以統計手法計算的安全庫存有實績數（樣本數）的限制，以及運用者具備的統計知識之限制，因此與其追求精細，個人認為實用且水準適切的設定就夠用了。

▌實務上對於考量過LT的庫存之處理

另外，檢視風險時，LT愈長，應付「失準」風險的數量就愈大。就算LT很長，所有的LT時間段也未必都會面臨正向的失準，因此要設想面臨正向與負向的「失準」而造成某種程度的抵銷之情況，將該考慮的安全庫存調少一點。

舉例來說，假設要進行為期4個月的海運運輸，如果單純用$3s\sqrt{4}$個月來計算，標準庫存有可能大得離譜，因此要調整修正，將數量減至一半左右。要不然，全世界的庫存點就會堆放龐大的風險庫存了。

▌合理庫存並不是計算出來的，要自行設定

我的客戶當中，也有公司渴望知道自家的合理庫存。有些人誤以為，合理的庫存就像物理公式那樣能用數學計算出來。

但是，在非數學的理想狀態下進行統計計算，精準度只有普通水準。而且，若乖乖以統計手法去計算，存貨請求有可能會大得離譜。在可運用的範圍內，訂出能夠說明，且考量過資金周轉與滯留風險、公司能夠容許的庫存標準值，是人的工作。

標準庫存並不是「應該有合理的標準庫存才對」，必須由人來決定「這是我們公司合理的標準庫存」。一如統計預測不該過度追求精準預測，企業也要避免沉溺於尋找合理的庫存。因為商業的世界並非數學的世界。

將工廠生產最佳化，
把存貨當作緩衝的「產銷存計畫」

**目標是平衡工廠的平準化生產，與業務銷售部門、銷售公司的
供應庫存緩衝。**

▊ 何謂產銷存計畫？

　　如果工廠有工廠倉庫，那麼與進銷存計畫中的進貨計畫串聯，**「工
廠倉庫的出貨計畫—庫存計畫—生產請求計畫」即是產銷存計畫。**工廠
倉庫（庫存點）是產銷存計畫的對象，這裡的庫存則是送貨到供應鏈網
絡下游倉庫所需的緩衝。

　　進銷存計畫與產銷存計畫中的庫存計畫，兩者的標準庫存觀念都
一樣，不過後者的週期庫存是源自「出貨計畫」。工廠是依據出貨計
畫，準備足夠應付出貨計畫的標準庫存。

▊ 透過主生產計畫化零為整，連結供應計畫

　　產銷存計畫中的「**生產請求計畫**」，是向工廠提出的生產請求。
不過，如果生產請求計畫的單位很小，未達到生產的單位（生產批
量），就要化零為整以符合生產批量。

　　舉例來說，如果生產請求只有1個，而工廠必須以10個為單位來
製作，否則效率不佳，此時就會將1個「化零為整」變成10個。這稱
為「**批量捨入**」。

　　除了批量外，有時也會跨時間段將數字化零為整。舉例來說，如
果每週計畫是製作10個、10個、10個、10個，就會將這4週時間段的
計畫整合起來變成40個。這稱為「**時間段捨入**」。有時也會在做完時
間段捨入後再做批量捨入。

化零為整後的計畫稱為「**主生產計畫**」。訂好主生產計畫後，這項計畫就成了工廠倉庫的預定入庫日程。

▌消除業務銷售部門的銷售計畫或進銷存計畫，與工廠的產銷存計畫之間的衝突

公司內部的業務銷售部門與工廠各自訂立計畫，就算彼此的計畫數值有衝突也放著不管，這種情況同樣很常見。若處在這種狀態下，業務銷售部門與工廠就會時常上演互相指責的戲碼。

業務銷售部門會說：「都怪工廠沒規劃生產熱賣的產品，才會害公司賺不到錢，還留下賣不掉的存貨。」工廠則會批評：「工廠才有辦法做出正確的銷售預測，並且考慮工廠的生產力訂立計畫。業務銷售部門提出的銷售計畫根本靠不住。」結果一再發生缺貨、緊急生產、產品存貨滯留這些情況。

這樣一來，不僅會給客戶添麻煩，還會造成不必要的生產，因此必須合理化雙方的計畫與提高溝通密度，然後並非分成「業務銷售」與「工廠」來進行個別最佳化，而是**預估公司的風險並設法降低風險，訂立能在各種限制條件下，將營收與利潤最大化的整合計畫。**

這種時候，銷售計畫與進銷存計畫要由業務銷售部門來訂立，產銷存計畫與主生產計畫要由工廠來訂立，而且雙方必須瞭解彼此的計畫背景與風險並達成共識。

總之不是要雙方按照對自己有利的計畫行動，也不是要爭論哪邊的計畫值、計畫才是正確的，而是要業務銷售部門與工廠皆以企業體的一分子之立場，一同訂立計畫並達成共識。能使這項業務成立的是「**S&OP（Sales & Operation Plan：銷售與營運規劃）**」，或是「**PSI計畫**」。稍後我會在3-11詳細說明。

在此之前還需要驗證影響供應的限制條件並討論因應辦法，因此我會在3-9說明生產與採購限制，在3-10說明運輸限制。

產銷存計畫

產銷存計畫的目標是，平衡工廠的平準化生產，
與業務銷售部門、銷售公司的供應庫存緩衝

- 化零為整
- 考量限制

主生產計畫

工廠倉庫

P：工廠生產請求
I：工廠庫存計畫
S：工廠出貨計畫

預定入庫日程＝供應計畫
庫存計畫
　＝給業務銷售部門、
　　銷售公司的緩衝

平衡檢查

P：母公司進貨計畫
I：母公司庫存計畫
S：母公司出貨計畫

銷售倉庫

決定工廠收益性的
生產計畫與能力計畫、採購計畫之連動

生產計畫要考量製作東西的能力與供應商的供應力。

▌ 種類眾多的「生產計畫」也需要定義

一般所謂的「生產計畫」，其實包含了好幾個種類。

首先是**產銷存計畫中的生產請求**，有些公司會將它稱為「生產計畫」。另外還有「**主生產計畫**」，這是接到進銷存計畫中的生產請求，經過「化零為整」之類的處理後，交由工廠進行製作的計畫。

而接到主生產計畫後，考量工廠的生產能力，訂立確實有辦法製作的計畫，則稱為「**考量過限制的主生產計畫**」。本節要說明的就是，**訂立考量過限制的主生產計畫之方法**。

還有一種計畫有時也稱為生產計畫。按各個工程、各個設備決定每日生產順序的計畫稱為「**細排程（小排程）計畫**」，也有公司將這種計畫稱為生產計畫。

▌ 訂立生產計畫時要考量的限制

訂立考量過限制條件的生產計畫（考量過限制的主生產計畫）時，有好幾項限制需要考量。

其中具代表性的限制就是「**生產能力**」。生產能力包括設備稼動時間與人員能力等，這些是構成製造時所使用之工時的元素。生產沒辦法超過設備的稼動時間，沒有人也沒辦法生產。稼動天數與稼動時間，受限於工廠或設備的工作曆，以及人員排班表。

除了能力，還有其他讓生產得以進行的前提條件。舉例來說，治具數量不足時，就只能以可使用治具的設備來製造。

人的技能也是一種限制。有些東西技能水準高的人製作得了，但技能水準低的就做不來了。這樣一來，就會發生雖然有人力卻無法生產的情況。

另外，就算想要充分運用準備好的設備與人員的工時，設備的切換與準備也有要花時間與不花時間之分。這種換線換模的順序會消耗工時，影響製造。舉例來說，先製作白墨水再製作黑墨水，與先製作黑墨水再製作白墨水，兩者的設備清洗時間（換線換模的時間）就不一樣。這稱為「**切換限制**」或「**生產順序限制**」。

生產所需的物料也是一種限制。外購物料要依據採購計畫去考量再採購。

在考量限制的主生產計畫中該檢視的主要限制，是「生產能力限制」與「採購限制」。「治具限制」與「切換限制」則是細排程計畫要考量的限制。

▋與生產計畫密不可分的能力計畫

訂立生產計畫時，也要訂立「能力計畫」。大部分的公司都是依年度預算規劃每個月的能力計畫，此時規劃的能力就成了每個月的能力限制。工廠的能力決定了能將投資的設備費用與員工等固定費用回收的稼動率目標，以及稼動天數。

稼動天數決定好後，就算出稼動日需要的設備處理能力與需要的人員數，如有必要的話就規劃設備能力增強計畫，訂立設備投資計畫、徵才計畫。

此時設定的**稼動率目標、稼動日計畫、設備能力計畫、人員計畫，會成為「每月執行的生產計畫」**的限制。

▋調整每月生產計畫中的能力計畫

雖說都是預算中的限制條件，**不過限制可分成作為生產能力不得不考量的硬性限制（每月計畫中不可調整的限制），與可以調整的軟**

性限制（每月計畫中可調整的限制）。

　　硬性限制為工廠設備的能力限制。大型設備之類的設備無法改變1天的最大能力。如果想改變，必須在3年計畫中訂立長期的投資計畫，然後反映在預算上。每月的計畫則不能不遵從硬性限制。

　　至於**略微增強能力（效率化投資）或增減人員之類的能力調整，則是軟性限制**。即便是每月的生產計畫也能進行某種程度的調整，不過仍然有限度。舉例來說，突然要在2個月後將人力增加至2倍，這種事是辦不到的。頂多只能以加班、假日出勤、找其他工廠支援，或是僱用臨時工之類的方式來應對。

　　因此，每月的生產計畫，不能訂立超出硬性限制的生產計畫，即便是軟性限制基本上也要遵從，能否微幅調整必須經過判斷。由於需要投資且花成本，調整起來並不容易。

考量生產能力的平準化生產與計畫調整

　　通常訂立「生產計畫」時，都會考量變成限制的生產能力。如果接到大規模的生產請求，或是只調整軟性限制仍不足以應付的話，就需要判斷是否要提前生產。提前生產的話存貨會增加，這時要先驗證能否先行採購、有無受到採購的限制，然後再做出決定。

　　不過，有時就算生產請求大幅減少，為了避免準備的生產能力浪費掉，一樣會決定將生產提前，實施平準化生產。因為若能實現平準化生產，不僅生產很穩定，成本也比較容易控制。

階段式滾動修正採購計畫以及與供應商合作，確保採購成功

　　物料也有限制。假如不是隨時都能輕易買到的物料，有時購買數量會出現限制。舉例來說，像半導體之類的高科技物料，有些供應商會要求提前3個月下訂單。這樣一來，3個月前訂購的數量就成了生產的限制。就算近期突然要增產，物料也會成為限制。

這種**採購限制，要與供應商共享採購計畫，而且每次訂立計畫都要反映變更（這稱為「滾動修正計畫」）**，經過一番調整才正式下訂單。

舉例來說，在3個月前提出預定計畫，在2個月前提出預測訂單，在1個月前正式下單的話，就是按3個月前⇒2個月前⇒1個月前之階段上下調整各項計畫。至於上下的變更，容許的變動幅度則設定為3個月前：±20％⇒2個月前：±10％⇒1個月前：±5％等。

關於2個月前的預測訂單，則藉由保證購買之類的做法，與供應商分擔風險。另外，在預算中訂出1年的訂購數量與金額後，每個月仍必須進行調整。這稱為「**長期採購量協議**」，而協議的「採購量上限」同樣要滾動修正。

有關限制的調整與決策，其實就是S&OP或PSI中的調整，以及公司要做的決策事項。因為要確定供應數量，不僅會影響營收，也與成本及庫存風險有直接關聯。

▌細排程計畫以及物料的需求量計算，與生產計畫的連動

如果規劃能力計畫的同時，也訂立了考量能力限制的「生產計畫」，就能作為規劃每日製造順序計畫的「細排程計畫」，以及採購物料所需的「需求量計算」的輸入要素。

關於細排程計畫與需求量計算，因為屬於執行類業務，我會在第4章為各位說明。

生產計畫與能力計畫、採購計畫

物料限制的
計畫與考量

● 物料存貨

工廠物料存貨

供應商

採購限制的
計畫與考量

● 採購計畫
● 與供應商就計畫
　達成協議

生產能力限制的
計畫與考量

● 設備稼動（工作曆）
● 設備能力　● 人員能力
　其他還有治具限制、
　人員技能限制等

運輸能力調整，以及與運輸業者、倉庫進行計畫合作的有用性

有計畫地掌控運輸能力，
以及維持倉庫正常運作的計畫與合作很重要。

▌考量與調整進銷存計畫的運輸限制

進銷存計畫需要考量倉庫間的運輸能力。有些預算或每月計畫的運輸能力是長期固定不變的，使得運輸能力成了一種限制。如此一來，就算突然提出運輸請求，也沒有貨車、沒有貨船可用。

運輸能力是軟性限制。貨車除了一般有簽約的業者外，如果還能另外包車送貨，就算運輸量增加也應付得了。船或飛機若是「肚子裡還有空間」（運輸能力有餘），也可再追加裝入的貨物。不消說，包車與加裝貨物都會增加成本，但真有需要的話就根據計畫來做安排。

運輸費用是按年度與物流業者協商簽訂長約，假如使用自有物流或為集團公司，則跟工廠的能力一樣，要是特地準備的運輸能力浪費掉了，或是預估未來運輸量會很龐大，也可以考慮平準化運輸或提前運輸，做出適當的決策。

▌倉庫保管能力的考量、倉庫能力的規劃，
　以及租借倉庫的安排

運輸計畫無法單獨做決策。**倉庫的保管能力**也有限制。而倉庫的保管限制，是在計算長期的倉庫能力需求量後決定的。

倉庫的保管能力，是**針對進銷存計畫或產銷存計畫中的庫存計畫計算保管能力**。倉庫若為自有倉庫就屬於硬性限制。不過，有需要時也可以租借外部倉庫，這樣就能當成軟性限制來應對。

公司很難因為倉庫內堆滿了物品，就決定停止生產，或是停止採購。原因在於，為了倉庫的保管問題減少營收或生產會造成很大的損失。所以才要利用租借倉庫之類的方式，設法提升保管能力。

同樣的，為了充分運用運輸能力，送貨時也會努力將貨車的裝載效率最大化。不過，若是太過重視裝載效率，給倉庫能力造成不必要的壓迫，此時也必須決定降低裝載效率進行運輸。**要做這類決策，不可缺少業務銷售部門、工廠與物流部門之間的密切溝通。**

▌事前分享計畫，以順利執行倉庫的收貨與出貨等作業

倉庫的人員計畫，同樣需要業務銷售部門、工廠與物流部門之間的密切溝通。

倉庫的收貨與出貨作業都需要一定的人力。假如要收的貨太多，就會發生倉庫的入庫作業塞車，或系統的入庫處理延遲等情況。另外，如果要出的貨太多，也有可能來不及出貨，或是趕不上貨車交貨或發車時間導致貨物被遺留下來。

對於上述情況，**要事先分享訂購計畫與預定入庫日程，以及源自銷售計畫或洽商資訊的出貨計畫等「計畫資訊」，當作訂立倉庫的人員計畫時用來參考的事前資訊。**

若希望收貨與出貨都能順利進行，有計畫且合理運用倉庫的保管能力，以及倉庫的人員計畫都是所不可或缺的業務。建議與物流進行計畫合作，幫助物流部門擺脫「走一步算一步」的繁雜業務。

若要有計畫地掌控運輸能力,並且維持倉庫正常運作,
運輸計畫就得串聯銷售計畫與生產計畫(供應計畫、預定入庫日程)

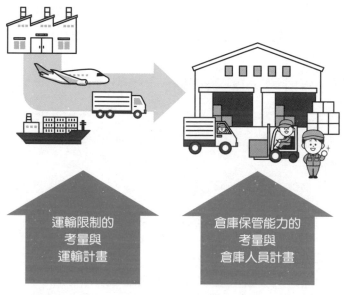

運輸限制的
考量與
運輸計畫

倉庫保管能力的
考量與
倉庫人員計畫

串聯銷售計畫與生產計畫(供應計畫、預定入庫日程),
就能事先準備或調整

與事業計畫連動或對照，
執行S&OP或PSI計畫

超越單純的數量計畫，以金額驗證並決定風險因應對策。

▋ 業務銷售與生產、採購在各項計畫上的協調，
以及與事業計畫的磨合

不少公司的銷售計畫與生產計畫、採購計畫，是由各部門個別訂立，而且鮮少經過調整。無論這種公司再怎麼主張「本公司正實施SCM、已成功建構SCM」，事實上那都不能算是SCM。

如果各組織隨意訂立計畫，只為自家部門的利弊得失而動，供應就會發生問題，或是產生不必要的存貨或生產。最後，不僅給客戶添麻煩，還把自家公司變成高成本體質的企業。這並不是真正的SCM。

若要回應客戶的要求，就必須盡可能**預測銷售，有計畫地生產、採購**。

不過，如同前述，供應鏈上存在著各種限制。所以顧慮限制的同時，**也要將限制做最大程度的運用及調整，努力實現營收與利潤最大化以及風險最小化**。

為此，企業**必須共享及視覺化業務銷售的銷售計畫、進銷存計畫、工廠的產銷存計畫、生產計畫、能力計畫、採購計畫，並且調整計畫**。除此之外，還要考量物流上的限制，進行必要的調整。**這種調整計畫的業務，稱為「S&OP」或「PSI計畫」**。

S&OP或PSI計畫，是**共享供應鏈上的實績與計畫，讓各部門互相磨合來進行調整**。舉例來說，假如預算中與供應商協定的採購計畫設有「採購量上限」，當銷售計畫的成績高於原本的目標時，就要詢問能不能追加採購，可以的話就同意上修銷售計畫。

但是，若各業務銷售組織都發生這種銷售成績高於預期的情況，導致各進銷存計畫的進貨請求增加，超過「採購量上限」的話，**就有必要分配供應數量**。這稱為「**供應分配（allocation）**」。

實施供應分配時，分配到的供應數量有可能導致銷售計畫無法達成。對業務銷售部門而言這關係到績效考核，因此是個大問題，**但要是供應實在有困難，就必須從經營角度判斷要以哪個業績為優先、要削減哪個業績**。由於這也會影響事業計畫的達成，這種時候得分析財務上的衝擊，最後由管理層做出決策。

同樣的，就算「銷售計畫」訂得很高，**如果達成可能性不高，也必須決定該生產或採購多少數量來應付此銷售計畫**。

如果計畫能達成就沒問題，但要是沒達成，存貨就會堆積如山。可是，有時就算要冒險也得決定生產或採購。面對這種情況時同樣需要管理層做決策。

▌ 新產品開發、停售或停產，以及與行銷的計畫整合

另外，S&OP或PSI計畫會反映新產品開發、停售或停產，以及行銷上的措施，來決定「銷售計畫」，控制生產是要繼續還是停止、是否要汰換成新產品等。

新產品的開發通常很緩慢，有時還必須持續供應已決定停售或停產的產品。又或者，無法控制客戶，持續受理停售品或停產品的訂單。

配合自家產品的生命週期與產品汰換訂立銷售計畫，以及生產、採購的應對處理，都會給事業計畫的達成帶來很大的影響。

若要由公司統一控制產品生命週期，達成事業計畫，**那麼商品企劃或開發部門也必須參與S&OP或PSI計畫，並且要能做出整體最佳化的決策與控制**。

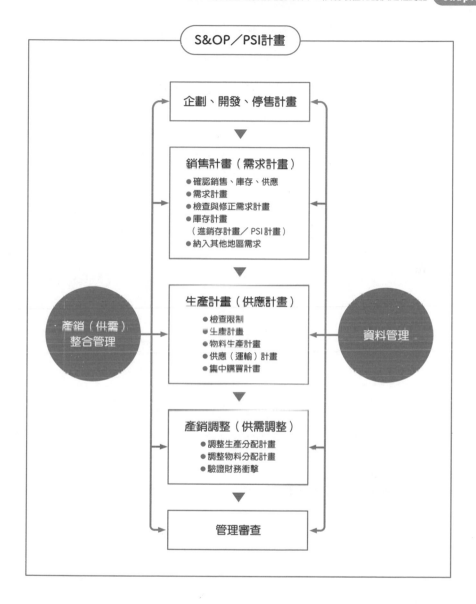

SCM的規劃業務是達成事業計畫所需的管理決策業務

S&OP與PSI計畫，並非只是數量上的計畫協議，而是以達成事業計畫為目標，經過財務衝擊的驗證，冒著存貨過剩、成本增加等財務風險所做的決策。在日益複雜的現代商業環境下，**SCM並不是單純的作業業務（operation），而是經營管理業務（management）**。

從前，日本的企業曾打出「產銷整合」之口號，由業務銷售與生產、採購互相協調訂立計畫。然而，在各項業務邁向專精化的過程中，組織之間的協調愈漸薄弱，最後形成追求個別最佳化的封閉化（穀倉化）組織。

如果需要這種組織間的協同合作，就必須建構S&OP或PSI計畫業務，將管理層拉進來一同參與，共享分析與計畫，再以經營觀點做出決策吧。

MINI COLUMN ❸　　　　　　　　　　　　SCM用語說明②

● **S&OP（Sales & Operation Plan）：銷售與營運規劃**

訂立銷售計畫與生產計畫，並規劃能力計畫或採購計畫這類關於數量與金額的計畫，經過驗證後做出決策。

● **PSI：產銷存計畫、進銷存計畫**

Production／Sales／Inventory與Purchase／Sales／Inventory的簡稱，指生產、銷售、庫存計畫（產銷存計畫）與進貨、銷售、庫存計畫（進銷存計畫）。

「全球SCM」並非單純的會計整合，而是合併經營

所謂的全球管理，意思就等於建構全球SCM。

▌全球SCM不可缺少合併經營的決策

隨著貿易全球化的進展，陸續有人提倡全球經營的必要性。不只國內的管理，**國外銷售商與國外工廠的管理及控制也變得必不可缺。**

全球經營是跨越國境的合併經營。由於SCM的目的是「合併利潤的最大化」與「經營基礎的強化」，這可說是**支持全球合併經營的經營管理手法。**

不過遺憾的是，多數日本企業的合併經營，只是單純的會計整合，鮮少發揮SCM的全球統一管理效果。如果只是財務會計的合併整合，有可能會淪為單純的湊數字，忽視了全球的銷售方針、庫存方針、生產方針、採購方針、物流方針，這種情況屢見不鮮。

舉例來說，有些企業的國內母公司會全盤接受銷售商的進銷存計畫，完全不加以控管。假如銷售計畫丟給銷售商訂立，進貨計畫也丟給銷售商訂立，然後按照這些計畫製造的話，突然接到追加生產請求時就會陷入大混亂，或是一直等不到銷售商的**採購訂單（PO：Purchase Order）**，滯留存貨得由母公司負擔等。

銷售商的銷售計畫，本來就該由母公司的海外營業統管部門之類的組織統一管理，監控庫存計畫，要求對方提出妥當的進貨計畫，而且必須在這個範圍內提出協議好的PO。就是因為不進行這種管控，母公司才會被當成外包供應商對待，不得不接受緊急生產、緊急出貨或是取消訂單這類狀況。

這樣一來，製造成本就會因突如其來的生產波動而提高，存貨滯

留也會對資金周轉造成負擔。因此，不只會計，業務也必須合併整合才行。

▋ 隨著SCM的全球化，
企業有必要建構「全球SCM」

母公司應該管控國外據點訂立的預算，銷售商訂立銷售計畫時應該納入母公司的意見。這裡就以我的客戶為例，跟各位分享他們的故事吧。這個客戶是一家販售高科技產品的公司。

由於每個月都會發生，銷售商時而下大筆訂單，時而一筆訂單也沒有的情況，導致工廠一再面臨突然要加班生產或停機等訂單的狀況。這是因為銷售商的計畫專員水準不高，每個月先下1次大筆訂單，然後努力賣出產品減少存貨，等到沒存貨時才再下訂單。偶爾遇到缺貨時就使用緊急空運。

我請他們停止這種草率的業務，改為配合船班每週下訂單，工廠實施「平準化生產」，銷售商訂購時則是購買採「平準化生產」的產品。不過，雖然工廠實施平準化生產，仍要依據銷售計畫保持合理的庫存，因此工廠要訂立生產計畫，製作產品送過去。換言之，不是等到沒存貨時才下訂單，而是制定保留一定比率的存貨作為緩衝（該公司的生產計畫是，將庫存月數從1.5個月改成○個月，將存貨當作緩衝）的生產規則。

這樣一來，不只銷售公司的存貨變少了，平準化也使生產成本下降，而且沒發生供應問題，能夠穩定地銷售產品，營收、利潤、資金周轉也都有大幅改善。

即便是國外據點，其業務也並非不可過問。由母公司統一管理，定義、整合業務，**不僅能提升合併利潤，也可強化合併經營上的經營基礎。**

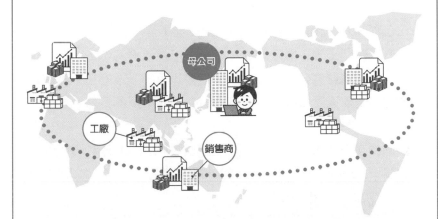

全球SCM／合併管理

從單純的合併會計整合，
轉變成整合SCM的全球SCM／合併管理

母公司

工廠

銷售商

母公司管理全球據點的銷售、生產、採購、庫存，
管控與實現合併收益最大化，
便能強化合併經營基礎，
實現全球SCM／合併經營管理

MINI COLUMN ④ ──────────── **SCM 用語說明③**

● **MRP（Material Requirement Plan）：物料需求規劃或計算**

　　MRP是計算產品需要的構成零件與原材料所需數量（需求量）的
業務，不過除了指業務，有時也指系統。

母公司統管事業的態度，
是推動全球SCM須面對的課題

約在2000年那時掀起的SCM大熱潮留下了一個誤解：母公司干涉國外銷售商與國外工廠之間的往來，是很沒效率的做法，所以讓雙方自行去協調處理就好。結果，要是銷售商有許多家的話，就沒辦法去做調整，變成速度快者贏、聲音大者贏，效率反而不好，客戶的評價也變差。

如果要求有限制的工廠，配合個別銷售商的狀況來執行個別最佳化業務，SCM是無法正常運作的。重新建構全球SCM，導入全球S&OP／PSI就能夠統一管理。

● 母公司的業務銷售部門請示國外銷售商的愚蠢行徑

事實上，許多母公司因為太過依賴國外，而不敢對國外銷售商（尤其是歐美的銷售商）提出意見。因為母公司並未統管國外的業務銷售活動，無法下達銷售方針，銷售商才會只管訂出計畫，就算賣不完也不在乎。

即使要統一管理銷售商的銷售計畫，要求對方訂立銷售計畫時得將賣光剩餘存貨的行銷措施納入其中，母公司的營業管理負責人態度看起來也很沒自信。日本企業簡直被當成供應商對待，假如只會對國外銷售商百依百順，這種公司根本不能稱為母公司。

導入全球S&OP／PSI時，也需要重新建立母公司的營業管理機能。母公司應該要具備統一管理全球業務的機能，而且要確實發揮這項機能。

Chapter 4

SCM的執行業務績效
可將QCD最佳化

執行業務的正確、迅速、低成本化
能夠維持收益性

反覆實行的執行業務，是持續性競爭力的基石。

▌執行業務① 銷售物流執行：
接單～出貨、銷貨～應收帳款管理之業務

與銷售物流有關的業務與應收帳款管理，是其中一項「執行業務」。銷售物流是指，有關銷售的業務，以及銷售時實施的輸配送等物流業務。

接到客戶的訂單後，就從庫存抽出需要的數量做準備，然後出貨。出貨時，先向倉庫發出出貨指示，由倉庫揀貨，安排貨車或貨船、飛機等運輸工具，然後交貨。換言之，銷售物流就是從接單到出貨為止這一連串的業務。

如果是持有存貨的現貨銷售或採存貨生產，就會從庫存扣掉預備出貨的數量。至於接單生產與接單後設計生產，由於並無可預備出貨的產品存貨，所以先當作未交貨訂單保留起來，等產品入庫時再抽出訂單需要的數量然後出貨。

出貨後，根據自家公司的銷貨收入認列標準，計入銷貨收入。認列標準有出貨後即計入銷貨收入的「**以出貨為準**」、貨物送達客戶後才計入銷貨收入的「**以到貨為準**」、貨物送達且客戶完成驗收後才計入銷貨收入的「**以驗收為準**」等。

計入銷貨收入的同時也要進行帳務處理，管理應收帳款。應收帳款回收後，就核銷已入帳的應收帳款，計算應收帳款的餘額。

▌執行業務② 製造執行：
製造指示、出庫指示、製造、計入實績之業務

執行業務當中，**與生產密不可分的業務就是「製造執行業務」**。

「生產」與「製造」這兩個詞一般都用得很模糊，本書則將計畫、物料需求計算、能力計畫、採購計畫等**有關收益管理的業務視為「生產」，而依據指示造物的相關業務則視為「製造」**。

因此，跟製造有關聯的製造指示、出庫指示、製造、計入實績等一連串於製造現場進行的業務，本書就稱作「製造執行業務」。

▌執行業務③ 採購執行：
下單～入庫、進貨～應付帳款管理之業務

執行業務當中，**向外部購買東西的業務稱為「採購執行業務」**。依照採購指示下訂單，下單之後就列入預定入庫日程，並進行交期管理。

入庫後就將預定入庫日程結案，先驗收再進行入庫接收作業。完成入庫接收作業後，採購的物品就成為自家公司的資產，接著計入進貨，再計入應付帳款。收到供應商（進貨來源）的請款單據，完成付款後，就核銷應付帳款，計算餘額。

▌執行業務④ 補貨物流與貿易執行：
補貨～轉移、輸配送等業務

倉儲管理相關業務，以及與倉庫之間的補充有關的倉庫間轉移、輸配送的業務，稱為「物流執行業務」。

要使倉庫的存貨足夠出貨，就要進行補貨計算。規劃業務中的庫存計畫，是生產或採購時作為依據的業務，以每月或每週為一個週期實施。不過，補貨計算要每天實施，這是給已做好準備的供應鏈上游倉庫的轉移指示。

倉庫之間的輸配送業務也屬於物流業務。以客戶為對象的輸配送

屬於銷售物流業務，雖然與物流業務重複，不過在執行業務上兩者是一樣的業務。

牽涉到進出口時還有貿易業務。也就是準備出口所需的文件，處理出口相關事宜，以及處理進口相關事宜。

接下來就為大家詳細說明，這些執行業務的設計方法吧！

執行業務的業務內容

執行業務	業務內容
銷售物流執行	接單～出貨、輸配送
	銷貨～應收帳款管理
製造執行	製造指示、出庫指示、製造、計入實績
採購執行	下單～入庫
	進貨～應付帳款管理
補貨物流與貿易執行	倉庫補貨～轉移～輸配送
	貿易管理

銷售物流業務是以
低成本提升服務為目標

將客戶與訂單型態分層，取得競爭力與成本的平衡。

▌銷售物流的目的是兼顧低成本與服務的提升

銷售物流的業務，包括**接單～出貨、輸配送、銷貨～應收帳款管理**。這類業務重複性高，規劃時要盡可能提高作業效率。最好是盡量自動化，不必花費人力就能迅速處理。

輸配送業務是把貨物送到客戶手上。**輸配送業務也要提升速度，使貨物能夠迅速送到客戶手上**。如此一來就能提升服務，對營收做出貢獻。

不過，任何時候都提供高水準服務的話成本會增加。因此要將業務分層，然後分類客戶，將輸配送速度分成各種層級，使成本花得均衡且合理後，再確實地提供**經過分層的服務**。

舉例來說，對於大筆訂單的客戶就提供可立即交貨的物流服務，對於鮮少下訂單的客戶則選擇要花時間的物流型態運送貨物。

銷貨處理也要盡量標準化。尤其關於請款，有可能因為過去種種緣故，導致各個客戶、各個品項、各個時期留下讓人搞不清楚的折扣型態，製作請款單得花時間。可以的話，就廢除無助於增加營收的折扣型態，採用簡素的形式。

重複性高的銷售物流業務，在構建業務時要維持設定的服務，並且要能以低成本營運。

假如沒辦法分層，公司要負擔成本，而且還產生不必要的業務，就表示接單的定義模糊不清，來者不拒且採人工作業方式，或是接單方法未經整理而變得煩雜，阻礙了業務的標準化與效率化。我們來看看接單的定義與整理接單方式的方法吧！

▌接單的定義，以及根據「訂單」定義保留的重要性

聽到接單需要定義，有些人或許會很吃驚，不過在大多數的公司裡，「**接單**」這項業務其實並沒有明確的定義。接單是指公司與客戶之間，「銷售—購買」這種商業交易上的契約行為，但不少公司都是草率將事。

接單定義模糊不清的話，存貨的保留也得按照不明確的訂單去進行，因此有時會給公司造成損失。有些產業或公司，即使沒接到訂單，公司內部仍會當作接到了訂單，先保留產品存貨，等待客戶「真正（正式）」地下訂單。

這種行為就是所謂的「預留」、「為特定客戶保留貨物」、「留貨」等。即使有希望立刻收到貨的客戶下了訂單，已「預留」的存貨也沒辦法拿來出貨，如此一來就會失去這筆訂單。也就是說，公司會損失銷售機會。

另外，「預留」貨物的客戶若確實有下訂單，而自家公司也受理這筆訂單那就沒問題，但有時也會發生訂單取消的情況。這樣一來，不僅自家公司被迫保留存貨造成浪費，要是之後沒有其他公司下訂單，導致存貨滯留，最後報廢的話可就損失慘重了。

儘管會造成銷售機會損失與存貨滯留風險，但有些公司就算沒接到「真正的（正式的）」訂單，業務員也會照慣例當作接到訂單登錄在系統上，或是預留存貨。這種公司就會一再發生失去訂單與存貨滯留的情況。

當然，有時為了順利無誤地出貨給客戶，的確需要事先保留存貨吧。這種時候，不要當作接到訂單來處理，應該有計畫地區分存貨的保管場所，並設法使業務員務必全力以赴爭取到訂單。

另外，公司必須設定正式的商業交易規定，例如必須收到客戶的訂貨單才能受理訂單，或是取得預測訂單時要客戶負起交易責任等，不讓業務員隨意「保留」或「預留」存貨。否則，客戶就會時常隨意使喚自家公司，而公司內部則老是手忙腳亂不停調整，或是持有堆積

如山的存貨。

　　總之要明確定義，接單是客戶「**有下訂單的業務**」，取得預測訂單是客戶有交易責任的「**相當於接單的業務**」，除此之外的情況「**不算接單**」。畢竟「下單—接單」是契約行為，公司為了確實遵守倫理法令，務必要定義清楚。

▌接單窗口的設計、服務及效率化的平衡

　　公司與客戶的接觸點會產生「接單業務」。這是與客戶的「下單」相對的業務。在客戶接觸點當中，承接訂單的地方稱為「**接單窗口**」。

　　接單窗口，是**決定顧客服務水準與自家公司效率化程度的重要接觸點**。舉例來說，請問傳真接單與網頁接單有什麼差別呢？

　　傳真接單需要由客戶發送傳真。假如雙方作業系統化進展緩慢，要用傳真發送手寫的訂貨單，那麼收到傳真後就得手動在自家公司的系統裡輸入訂單，這樣不僅要花工時，也會發生失誤。而且，客戶也不曉得訂單有沒有被受理。要是沒發現訂單並未送出或是遺失，客戶也會很困擾。如果採用手寫傳真，就必須謄寫品項，這同樣會發生失誤。此外還會產生不必要、會造成浪費的作業，例如看不懂文字，或是訂單內容不清不楚，就得打電話或發電子郵件詢問，一來一往很花時間。

　　反觀網頁下單，客戶可立刻搜尋產品，也能使用上次的訂購紀錄，不會發生失誤。只要接到訂單後立即回覆，客戶也能馬上得知訂單是否被受理。由於使用的是網頁，自家公司還可在頁面上添加各種服務。如同上述，**只要妥善設計接單窗口，服務水準就能提升**。

　　畢竟企業勢力有強有弱，有些客戶會強硬要求使用對自己比較方便的下單型態，這種時候也要盡可能將作業系統化，盡量避免以人工方式登錄訂單。如果客戶願意使用自家公司的接單窗口，不僅能建立更強而有力的關係，也能將業務標準化。

▋藉由接單業務中央化來整合組織，
  以及考慮訂單處理業務外包

　　只要接單業務能夠標準化，就可以實施「接單業務中央化」，將訂單處理專員集中在一處，此外也可將這項業務外包出去。如果是各家業者都有各自的承辦人，只有承辦人清楚該客戶的情況，這種舊式做法是很難提升服務水準與效率化的。徹底追求標準化，可以的話就實施接單業務中央化，這也是建立競爭優勢的方法之一吧。

▋藉由接單的DX提升競爭力

　　如果能使用網頁接單，就可以在給客戶觀看的網頁上提供產品型錄，或是公開技術規格。提供出貨與運輸的貨態進度，或是視情況公開庫存量，都能進一步提升服務水準。

　　另外，如果是像B2B那樣，經由洽商決定規格或提出報價單的情況，也可在拜訪客戶時利用行動裝置查詢、登錄訂單等，因此很有效率。接單窗口是可藉由「**DX（Digital Transformation：數位轉型）**」來提升企業競爭力的要素。

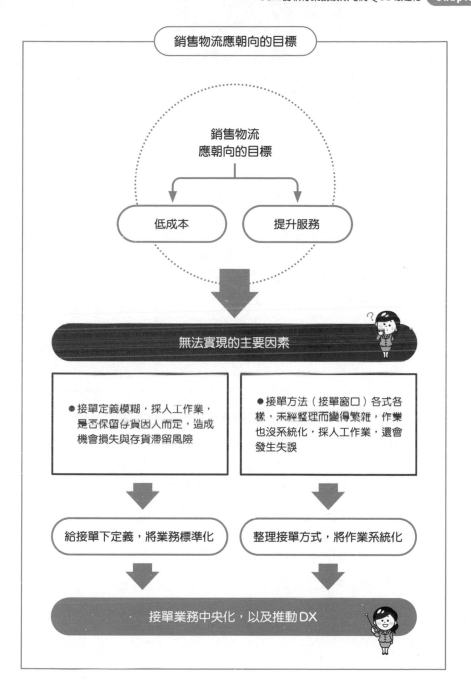

將生產順序合理化、
管控製造指示的「製造管理」業務

細排程計畫是透過指示與實績的串接管理來管控。

▋ 細排程計畫是訂立製造順序計畫並檢查限制

　　所謂的「**細排程計畫**」，是訂立各品項的製造順序計畫。換言之就是以此計畫**決定應製造之品項的製造順序**。由於「主生產計畫（主生產排程）」並未連製造的順序都一併決定，公司必須另外訂立製造順序計畫。因為製造的順序會影響效率。

　　舉例來說，先製作白墨水再製作黑墨水，與先製作黑墨水再製作白墨水，何者的效率比較好呢？答案當然是「白⇒黑」這個順序。「白⇒黑」的話清洗設備之類的作業就不需要花太多時間與勞力，但如果是「黑⇒白」就必須清洗得更仔細，以免黑墨水混進白墨水裡。

　　如同這個例子，**生產順序對效率是有影響的**。前述的清洗作業稱為「**切換**」，這是展開下一個製造所需的準備作業。切換屬於非製造時間，因此花的時間愈少效率愈好。

　　除了重視效率的觀點外，**規劃製造順序時也必須檢查限制條件**。以「**生產能力**」為例。假如從生產請求量來看，工廠的生產能力不多的話，就必須思考優先順序才行。換言之，必須分辨應該優先製作的品項與其他沒那麼急的品項。

　　另外，也要考慮設備的占用狀態。製造某個品項時，有的設備能夠製造（使用），有的則不能使用，不過也有品項可使用任何設備來製造。遇到這種情況時，必須以可用設備有限的品項為優先，否則該品項有可能無法及時製造。

　　總之必須考量效率與限制，訂立最合適的製造順序計畫。

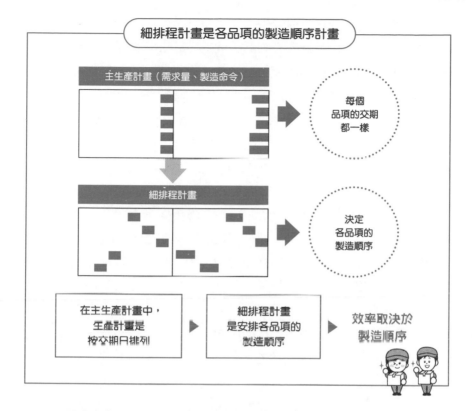

▌整理製造命令、細排程計畫與製造指示的關聯

　　經過需求量計算後，就會得出各品項1天要製造的製造請求。如果1天的「需求量計算結果（製造數量）」都是一樣的就沒問題，但若考量切換時間與限制條件等，就有可能不會在1天之內解決，而是變成橫跨數天的「細排程計畫（製造順序計畫）」。

　　訂立細排程計畫一般都是以遵守交期為優先，就算製造日錯開也還是會提前製作完才對，所以也可以不變更製造命令，拿細排程計畫來安排製造指示。

　　不過，假如製造批號是按細排程計畫來編制，或是以設備稼動為優先，導致製造時間往後延，抑或要變更當初的製造命令，有時也會將細排程計畫結果傳回MRP（物料需求規劃），重新發出命令。

拿上例來說，業務流程就是「需求量計算⇒製造命令⇒細排程計畫⇒作業指示」。以系統來說的話，就是「MRP（需求量計算⇒製造命令）⇒排程器（細排程計畫）」。拿下例來說，業務流程則是「需求量計算⇒製造命令⇒細排程計畫⇒變更製造命令⇒作業指示」。

　　業務流程如同上述，不過系統上的串聯有可能不一樣。以系統來說，除了「MRP（需求量計算⇒製造命令）⇒排程器（細排程計畫）⇒MES（作業指示）」這種將系統全串聯起來的方法外，還有分成「MRP（需求量計算⇒製造命令）⇒排程器（細排程計畫）」與「MRP（需求量計算⇒製造命令）⇒MES（作業指示）」，將細排程計畫與製造指示分開並行，然後向製造現場發布的做法。

　　業務流程與系統的串聯方式未必要一致，這是因為都一樣的話，系統的串聯會變得很複雜，經不起變更，而且串聯系統的開發成本會變高，此外系統的串聯方式若如此死板，會使現場作業失去彈性，效率也會變差等，總之有各式各樣的原因。

　　整理製造命令、細排程計畫與製造指示的關聯很重要，因此必須思考自家公司要採哪種串聯方法才適切，好好地設計規劃。

▋ 根據製造命令進行的作業分解，以及提出製造指示的方法

　　提出作業指示時，**要先經過需求量計算，再將發出的製造命令細分成各作業工程的作業指示**。這稱為「**作業分解**」。

　　舉例來說，組裝工程是由備齊零件、事前組裝、正式組裝、檢查等細節作業構成。如果是製造食品，有的還會設定原料的投入順序，此外還有投入前檢查原料是否正確、計量、投入、開始製造、完成、移入容器、完成品秤重、排除不良品、不良品秤重等各種細節作業。通常製造命令並不會將這類作業全列出來，所以要實施作業分解，將之變成作業指示。

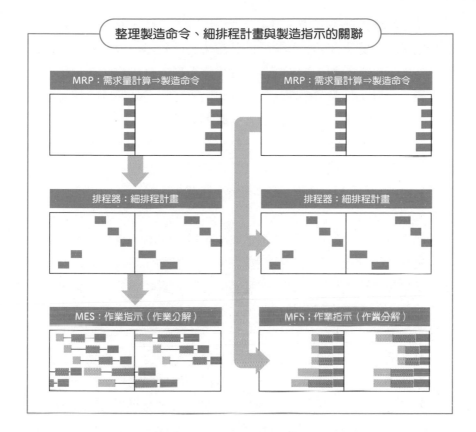

整理製造命令、細排程計畫與製造指示的關聯

MRP：需求量計算⇒製造命令

排程器：細排程計畫

MES：作業指示（作業分解）

MRP：需求量計算⇒製造命令

排程器：細排程計畫

MFS：作業指示（作業分解）

▌整合指示、執行管控與實績，能實現迅速 且正確的進度管理

提出作業指示時，要依照**「標準作業程序」（SOP：Standard of Procedures）**記載的、作業該符合的標準或規定來下達指示。事先將SOP登錄到MES（Manufacturing Execution System：製造執行系統〔參考6-7〕），作業指示與SOP就會連動，能夠下達不易發生失誤的指示。

如果作業指示與SOP能透過MES連動，就能設定「除非執行正確的作業，否則無法進入下一個作業」，如此一來也可以「**防呆（事先排除人為失誤）**」。

整合作業指示與SOP，可提升現場作業的管控水準。 MES會對照作業指示，記錄實際執行作業時的狀況，因此指示與實績能夠串接管理。想知道製造的做法是否正確、如果錯了是哪裡弄錯，追蹤起來也很輕鬆。另外，作業時間與產量之類的作業實績，會從MES傳回核心系統，所以能靠資料連動自動計入實績或庫存。

如果能以手持裝置連結MES，檢查投入原料是否正確，或是連結計量器及設備儀表板等器材，將計量結果傳到MES的話，即可實現水準相當高的自動化與管控。如此一來也能減少手動輸入資料的工時與輸入失誤。

實際上，許多公司的製造指示與SOP是分開的，而且通常會在製造現場放置製作指定品項用的紙本標準作業程序。現場人員則邊看紙本標準作業程序邊執行作業。這種時候，作業實績會記錄在紙上，之後再將紙上的實績登錄到核心系統之類的系統，換言之就是會產生人工輸入作業。

使用紙本作業指導書以及靠人工收集實績，能增加現場的裁量空間、保留彈性，因此並不是不好，但也必須根據現場作業有多依賴人工這點來評估是否要系統化。畢竟要花費工時，而且人會犯錯，導入MES可作為管控作業現場與收集實績的強力武器。

採購管理：有效率地進行訂貨與交期管理， 以及與供應商協調

採購必須遵守交期，而且數量要正確，否則生產會停擺。

▋ 根據採購命令下單，並且視情況調整訂單

做完需求量計算後，外購物料就根據「採購命令」來下訂單。以需求量計算所算出的訂購數量，會化零為整成**「最小訂購量」**（MOQ：Minimum Order Quantity）。如果MOQ很大，訂購數量會比原本的必要需求量還大，成了存貨滯留的禍根。

如果MOQ可以很小，就跟供應商交涉購買條件。不過，把MOQ設得很小，單次的購買單價也有可能變高，所以必須判斷是要選擇回避庫存風險，還是要選擇降低單價。

訂貨時，**如果是向數家供應商購買，有時要在下單階段進行調整**。舉例來說，進行「**多家採購**」時會分配訂單，A公司與B公司各分得50％的訂購量。

另外，如果因長期採購量協議或預測訂單的關係已給訂購量設定上限，可選擇將上限套在MRP的需求量計算結果上，或是需求量計算本身按需的數量計算，然後在下單階段跟供應商交涉，雙方談好最終訂購量後再下訂單。如果要將上限套在MRP的需求量計算上，會提高系統分層的難度。

不過，假如調整後只變更訂購數量的話，由於訂購數量與需求量計算不同，此時就要進行人工操作，先回傳「實際訂購量（預定入庫數量）」，少掉的部分則當作訂購完成的採購命令保留著，然後重新下訂單。

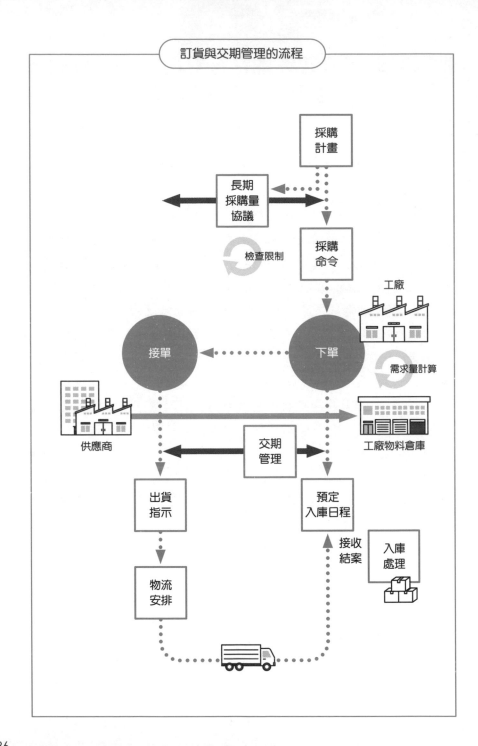

訂貨與交期管理的流程

採購
計畫

長期
採購量
協議

檢查限制

採購
命令

工廠

接單

下單

需求量計算

供應商

交期
管理

工廠物料倉庫

出貨
指示

預定
入庫日程

接收
結案

入庫
處理

物流
安排

▊ 各種下單系統型態

如果下單方法與系統連動，就要轉換成核心系統的訂購資料進行傳輸。假如供應商很強勢，作業都是透過系統進行，就需要轉換資料以符合供應商的系統。開立訂貨單時，也常有供應商會指定傳票，要求訂貨公司用印出來的指定傳票下訂單。如果供應商很強勢，公司就會受制於供應商的指定導致效率低落，但畢竟公司居於劣勢，有時這也是無可奈何的事。

如果是採傳真下單，最好是轉換成傳真檔案發送過去；不過傳統的做法，大多是先印紙本訂貨單再用傳真發送過去。郵寄印出來的訂貨單這種老方法，現在也仍有公司會使用。

▊ 遵守倫理法令，不得違反外包法

跟接單一樣，下單也會有約定不清楚的情況。例如下單後隨意取消，或是不讓供應商按訂單交貨，事後再進行調整。

假如管理上有不得已的苦衷，能調整訂單的話當然再好不過，但依供應商的規模，也有可能一旦下了訂單就無法變更。目前日本已實施外包法（外包價金給付遲延等防止法），企業務必遵守規定。

▊ 管理訂貨後的預定入庫日程，並且視需要 詢問、調整交期

下單之後，就要進行預定入庫日程的管理。雖然預定入庫日程也會保留在MRP裡，但若要正確且迅速地接收貨物，預定入庫日程就得傳送到MES（製造執行系統）或WMS（倉儲管理系統）。

假如接收貨物後，將預定入庫日程結案與計入庫存所用的系統是MES，就用MES處理入庫作業，將預定入庫日程結案，如果使用WMS就用WMS處理。

使用MES或WMS處理入庫作業時，會將貨物計入自家公司的進貨庫存。在MES或WMS計入資料後，核心系統就會同步更新入庫資

訊，將核心系統的預定入庫日程結案，並且計入進貨庫存。

　　如果沒使用MES或WMS，則是將預定入庫日程資訊製成電子試算表或紙本入庫一覽表，然後在交貨場所發放，入庫時以人工方式核對預定入庫日程，之後再到核心系統手動結案與計入庫存。計入庫存後，執行會計上的進貨與應付帳款認列，並進行應付帳款管理。

▎請供應商在交付的貨物上貼條碼就省事多了

　　接收時要檢查入庫的貨物是否與預定入庫日程的資料一致，如果貨物貼上了條碼或QR Code，這時只要用手持裝置之類的機器讀取條碼，就能輕易取得資料進行接收處理。若能與供應商交涉，請他們貼上條碼或QR Code當作物品標籤，那就省事多了。

　　不消說，因為能省事的是採購方，這筆費用理應由採購方負擔。不過，這種系統化已逐漸普及，現在的環境對採購方有利，因此費用可跟供應商討論決定，然後迅速導入。

倉庫補貨業務與可靠的運輸計畫，以及有效率的貿易管理

補貨計算的系統化、轉移與預定入庫日程的連動，
以及入庫處理的合理化。

▌ 進行倉庫間轉移所需的補貨計算、轉移命令、預定入庫日程

要在分成多種層級的倉庫之間轉移存貨，需要執行的業務有「**補貨計算**」與「**倉庫間轉移**」。

補貨計算是**計算倉庫應持有的合理庫存量，算出補貨數量**。補貨計算通常是用簡易的方法來計算，例如再訂購點計算之類的手法。

經過補貨計算算出的補貨請求量，會在核心系統上產生「轉移命令」，然後開立「轉移單」傳送到供應鏈上游的倉庫。在需要補充的倉庫則是變成「轉移指示數量（入庫數量）」，產生預定入庫日程。

▌ 入庫結案、計入庫存的方法，跟向供應商進貨的機制一樣

倉庫間轉移的接收、入庫結案、計入庫存這些業務與機制，跟向供應商進貨時的收貨、入庫與結案是一樣的。由於作業地點是在倉庫，系統一般使用WMS，不過視規模也有公司使用電子試算表或紙本管理。如果是後者，事後依然要在核心系統上進行入庫處理。

▌ 補貨計算與運輸計畫的連動

進行補貨計算時，如果需要考量運輸的限制，就**必須根據運輸限制，調整補貨數量**。

舉例來說，假如指示的轉移數量超過貨車的運輸能力限制，或者需要特殊的運輸機器或貨車，可是調度有困難的話，就要**調整轉移數量或轉移時間**。

反之，如果重視貨車的裝載效率（將貨斗的裝載量最大化）、運行效率（將運行一趟的運輸量最大化），但轉移數量很少的話，有時也會以不必要的轉移來增加數量。若是這種情況，因為實際補充的數量超過請求的數量，入庫時就算跟預定入庫的數量有所出入仍然必須接收。

另外，也要考量倉庫間的庫存失衡、滯留、倉庫容量吃緊、缺貨等風險，因此事前必須仔細訂立規則，讓倉庫能夠有彈性地調整。

▌出口上對出貨與庫存的認知，以及與貿易業務的連結

假如是出口貨物，就算是從自有倉庫出貨，有時貨物會停留在接下來的海運倉庫。按出口時的銷貨收入認列標準來說，有的公司是裝船後就列入銷貨收入，有的則是貨物交給對方後才列入銷貨收入，但若是老舊的核心系統，只要從自有倉庫出貨就全都計入銷貨收入，所以有時會無法掌握存貨。

實際上，存貨仍屬於自家公司的資產，卻從自家公司的資產中消失，或者單純只是出貨的話，本來無法計入銷貨收入，卻仍認列為銷貨收入等情況，從遵守倫理法令的角度來看都是很有問題的做法，因此有必要配合實際情況來判斷認列與否。系統也需要配合實際情形來處理。

這類國際貿易上的交易規定與國際物流有關，各位可以參考**《國際貿易術語（Incoterms）》**。《國際貿易術語》是一套全球統一的國貿條規，對於有關資產移轉（銷貨收入認列標準）的國際貿易之運費、保險費、風險（損失責任）承擔等條件有明確的解釋。《國際貿易術語》是國際商會（International Chamber of Commerce：ICC）制定的，最新版《Incoterms2020》自2020年1月1日起生效。

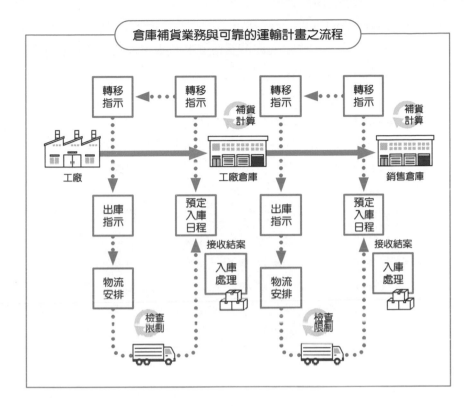

在具代表性的標準當中，我們常用的有以下4種。

▪ EXW (Ex Works)

工廠交貨。賣方在自家公司的工廠，將商品交給買方（或是買方安排的運送人），之後的運費、保險費、風險由買方承擔。

▪ FOB (Free On Board)

船上交貨條件。在起運地裝貨港將貨物裝到船上之前的費用由賣方負擔。之後則由買方負擔。

CFR (C&F Cost and Freight)

成本加運費條件。在起運地裝貨港將貨物裝到船上之前的費用與海上運費由賣方負擔，之後由買方負擔。

CIF (Cost, Insurance and Freight)

成本、保險費加運費條件。在起運地裝貨港將貨物裝到船上之前的費用、海上運費與保險費由賣方負擔，之後由買方負擔。

除了上述條件外還有其他分類，詳情請參考《國際貿易術語》。

另外，至今仍有許多公司是採人工作業方式製作貿易相關資料，非常花時間與勞力。出口上的限制資訊管理，例如原產國管理，或是與特定有害物質使用限制有關的法律對策等，也大多採人工作業，因此也有需要將製作貿易文件的作業系統化，以及給進出口的相關資訊建立資料庫，透過這種方式進行集中管理。

記錄生產與採購入庫，
落實「可追溯性」

發生問題時可追溯至源頭並且鎖定影響範圍。

▌何謂可追溯性？

「可追溯性（traceability）」即是「**追溯追蹤管理**」，**這項機制是用來向在乎商品或產品是否安全的最終消費者提供資訊，以及在發生問題時追究原因與思考對策、鎖定影響範圍，然後迅速因應處理。**

可追溯性**能夠從原材料與零件，一路追蹤產品的生產、出貨、銷售，到最終消費或報廢為止。**

舉個身邊的例子，像超市販售的雞蛋，就能夠追查產地在哪裡、餵什麼飼料、有無使用基因改造飼料、使用何種藥物且用了多少、配銷通路有無發生問題、超市何時進貨等資訊。

可追溯性分成「**追溯**」與「**追蹤**」。**追溯是往上游追查**。當產品有問題時，能夠往前追查經過哪個通路、做過什麼處理、經過哪些工程、在什麼樣的製造條件下製作、原材料是什麼。

追蹤則是反過來往下游追查。**追蹤是從原因開始，追查發生的問題影響到哪個範圍**。

舉例來說，假設原因出在使用的原料上，那就追查使用相同原料的產品有哪些、產品經過哪個配銷通路、出貨到哪個地區、保管在哪個倉庫、配送到哪家商店。為了將損害降到最低，影響範圍內所有的產品都要停售、回收、暫停出貨。

▌串接WMS、MES與ERP，實現可追溯性

可追溯性的起點，就是**原材料的批號**。事先給入庫的原材料加上

編號，之後就能以原材料批號為起點，連結製造批號，掌握哪個中間產品使用了該原材料、最後變成哪個產品。出貨之後，只要將製造批號與出貨傳票編號連結起來，就可以追查到出貨目的地。

原材料批號可由自家公司自行編號，也可直接使用供應商的製造批號。

批號是用「WMS（Warehouse Management System：倉儲管理系統〔參考6-8〕）」，或是「MES（製造執行系統）」管理，只要以批號去追查，就能查到投入了哪個原材料批號。另外，如果「MES」記錄了溫度、轉速、處理時間等製造條件與作業員，也能夠找出製造上的問題。

產品也要保留製造批號。核心系統發出出貨指示後，製造批號就與出貨傳票編號連結，再與「WMS」的出貨傳票編號連結，這樣就能知道是哪個批號的產品，在什麼時候出貨給哪個顧客。

如果沒推動這種系統化，而是用試算表或紙本簿冊管理批號，就要以人工作業方式，按產品的入庫日期、出貨日期等管理各個出貨編號，並連結製造批號進行管理。從近年的管理難度來看，建議企業最好還是要推動可追溯性的系統化。

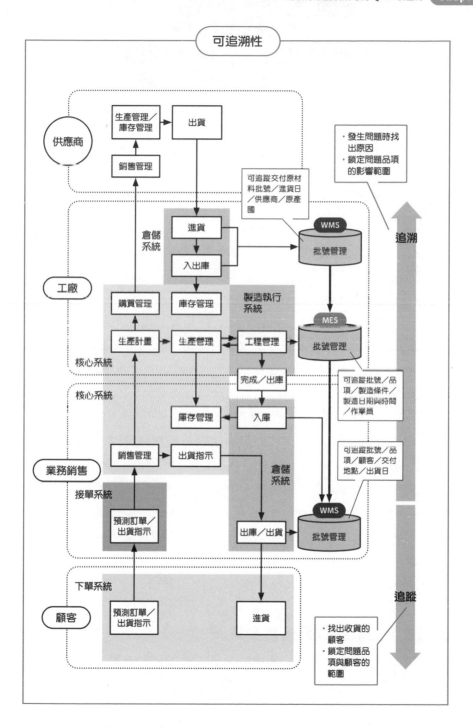

實績的收集、計畫的回饋，以及成本計算的流程

取得製造實績與設備稼動狀況等資料，反映在成本計算上。

▌藉由「目視管理」實現緊急因應、促進應對以及防呆

從前日本製造業的優勢，就是製造現場有許多巧妙的措施。比方說，如果設備無法正常運轉，就會藉由閃燈通知作業員之類的方式，做到迅速停線或復線。

一般製造現場也會將計畫的實績、不良品數量、落後程度、超前程度等資訊公布在告示板上，促進人員補救。也有不少製造現場會準備手寫告示板，用麥克筆記錄資訊。這麼做是要提醒現場人員自動自發地處理問題。

另外，現場還設置了各種指引，並且做了可事前防止失誤的措施。例如事先給設備貼上不同顏色的膠帶以免關錯閥門，或是張貼投入原料時的作業步驟等，到處都有用來避免小失誤的防呆措施。

這種製造現場的「目視管理」，現在有公司嘗試將其中一部分數位化，以期進一步提高管控水準。這麼做是對的，但凡事都數位化，提出大家連看都不看的資料，或與提升管理水準無關的資料也沒有任何意義。假如不仔細研究討論，判斷什麼樣的「可見化」才適合製造現場，投資就會浪費了。

▌收集製造實績與設備稼動實績

製造實績是用「MES」收集的。像投入實績與產量、作業員、力矩、溫度等製造條件，就是透過PLC（可程式控制器）之類的裝置，

從設備收集到MES。

設備稼動狀況之類的資料,是從設備或感測器取得,並匯集到「PLC⇒SCADA(資料採集與監控系統)」。IoT(物聯網)如今受到矚目,而IoT的源流即是從感測器或設備,收集這類現場稼動與製造條件的實績,然後當作資料來運用。

■ 將實績資訊應用於改善

收集到的製造實績與設備稼動資訊,若分析之後發現問題,那就進行改善。這種累積實績資訊進行改善的手法,從前就應用在**QC（Quality Control：品質管制）**與**IE（Industrial Engineering：工業工程）**上。

不過,最近許多公司因為製造現場人力不足與教育不足,無法花工時進行改善,導致改善力低落,因此公司應該要認真地討論該收集哪些資料來使用。

從前一般都是在現場的告示板上貼出紙本圖表,現在則有愈來愈多公司選擇使用電腦或現場的數位告示板顯示。如果採用後者做法,也有公司是顯示MES或SCADA的畫面,不過建議加工顯示的內容以方便人員察看。像是將MES或SCADA的資料與BI（Business Intelligence：商業智慧）連結,然後利用BI視覺化。

■ 將實績資訊反映在核心系統、計畫系統、 成本計算上

不同於現場改善,實績資料從MES回傳到核心系統後,「良品產量、不良數、出庫實績(庫存扣減實績)、入庫實績(庫存計入實績)」這些製造實績就會交給核心系統,製造命令與採購命令就能結案,然後計入庫存。

回傳到核心系統的庫存,也會傳送給計畫資訊系統,而這個庫存實績就成了下一個計畫的基礎資訊。

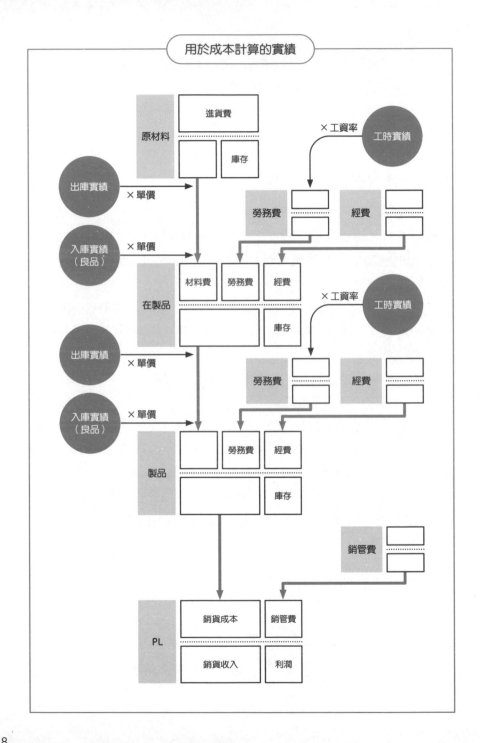

用於成本計算的實績

原材料
進貨費
庫存

出庫實績 ×單價

入庫實績（良品） ×單價

×工資率 工時實績

勞務費 經費

在製品
材料費 勞務費 經費
庫存

×工資率 工時實績

出庫實績 ×單價

入庫實績（良品） ×單價

勞務費 經費

製品
勞務費 經費
庫存

銷管費

PL
銷貨成本 銷管費
銷貨收入 利潤

　　另外，作業時間之類的資料，也會跟「良品產量、不良數、出庫實績（庫存扣減實績）、入庫實績（庫存計入實績）」一起從MES回傳，然後乘上單價或工資率進行成本計算。

　　如果這類實績資訊不會從MES回傳，或是以人工方式收集實績，那麼就要手動將資訊輸入到核心系統。如果資料是透過系統傳送與接收，資料就能在短時間內同步更新。不過，如果是手動輸入，就得等到當天晚上或翌日才會知道實績，因此運用資料的時機就慢半拍了。

　　如果能設法每天統計資料並計入實績的話倒還好一點，但有些糟糕的公司得等到月底才看得到實績。如果收集實績的週期這麼長，變更計畫或檢測成本異常的速度通常會比較慢，所以沒辦法敏捷應對。

　　可以的話，實績應該透過系統收集，並且串聯各系統讓資料同步更新，藉由這種方式迅速收集資料，以及改善將實績回饋到各系統的速度與週期。

MINI COLUMN ❺　　　　　　　　　　　**SCM 用語說明④**

● **ERP（Enterprise Resource Planning）：核心系統**

　　結合銷售物流系統與生產、採購系統，並整合會計系統功能的系統稱為「ERP（企業資源規劃）」。核心系統也是這樣的系統，因此一般將ERP與核心系統畫上等號。

看板與 JIT 未必是好手法

「看板」可說是日本的現場管理手法中特別有名的手法吧。「看板」是指貼或放在零件盒等物品上、標示品名與數量等資訊的傳票卡或標籤,後工程使用零件後就會移除這個看板,利用這種方式向前工程請求補充用掉的數量。

就「只補充製造時用掉的數量」這點來說,看板是很優秀的機制。但是,並非所有情況都能使用。例如計畫頻繁變更、生產線很複雜、前工程採批量連續生產等情況,就無法依據看板製造了。

硬要導入看板反而有可能帶來損害。不少公司嘗試導入看板卻失敗,或是把單純的出庫指示稱為看板。當出庫指示能與規劃業務同步時,也就沒必要使用看板了。

「JIT(及時制度)」則是配合製造時點供應零件。JIT是強大的成品製造商能夠使用的手法,因為他們有辦法要求供應商配合自家公司的製造時點交貨。但是,對供應商而言卻是一種負擔。如果供應商的製造無法跟成品製造商的製造同步,就會變成批量生產,然後被迫分批交付。

雖然JIT的目的是將製造現場的庫存壓到最低,但要是庫存分布不均,集中在工廠的前後,結果導致整個供應鏈庫存過剩,JIT就變成有點給人添麻煩的手法了。如果陷入個別最佳化,JIT反而會造成危害。在SCM登場後的現在,企業必須仔細考慮,好好判斷是否該使用這種手法。

SCM的視覺化
可審查績效，促進改善與執行

視覺化若不符合實務，
就會淪為空想的「可見化」

令人意外的是，視覺化資訊並未被人善加運用，

因此有必要重新建構。

▋ 事實上，現場與經營資訊的視覺化
也是採人工統計

訂立並執行計畫後，就要**評核結果**。也就是驗證「是否跟計畫一致」、「對比目標值或標準值，結果是高是低」，**分析「自家公司的經營或作業是否良好」，然後採取對應辦法。**

由於是評核結果，有些人或許以為能夠立刻從數字看出好壞，然而實際上並非如此。這是因為，實際值等數字的來源有可能並未好好整理與保留，或是只寫在紙上東零西散。

如果是這種情況，只要收集四散的資料，匯集到電子試算表，再加工成方便檢視的格式就能完成視覺化。換言之，**要經過人工輸入、統計、加工，才會變成可分析、研究的資料。**

在公司的活動中，該檢視的指標等數值資訊似乎是固定的，但其實也不是如此。由於每次都是基於「這個時候想看這個」、「另一個時候想看那個」這類想法，由個人製作資料，所以收集資料的手段與過去統計資料的方法皆未標準化，也未與他人分享，全都擱置在某人的電子試算表裡。

因此，就算需要同樣的分析，此時為視覺化所製作的資料集或邏輯都會浪費掉，每次都要某個人動腦並製作試算表。

▍視覺化的標準化與自動化，以及資料取得的
　自動化皆是課題

因此，現在企業紛紛導入，**將視覺化資料的整理方式與統計方法標準化，並且自動計算加工成指標的機制**。這項機制就是「**BI（Business Intelligence：商業智慧〔參考6-9〕）**」。

BI是指保存資料的資料庫，以及從資料庫抽出資料進行制式化的資料加工，以圖表之類固定的格式將資料視覺化的機制。資料的取得來源，則是核心系統ERP或MES、SCADA等系統。

從各系統取得資料後，再對比當初計畫的預算與實績，或是對比預估、目標值／標準值與實際值。這樣一來，就能**實現視覺化形式的標準化、計算與加工的自動化，以及資料取得的自動化**。

▍要將資料視覺化，
　不可缺少實務知識與資料製作技能

想運用BI，**不可缺少「將資料組合加工成想看的資料」的知識與技能**。

舉例來說，要將「標準稼動率」這項指標視覺化時，如果不清楚「什麼是標準稼動率」、「什麼是實際稼動時間」之類的定義就無法計算，而且不知道計算公式的話，也沒辦法建立加工資料的式子。總之就是需要知識與技能。

另外，假設評核需求預測的品質時，我們想看統計預測的誤差。誤差率分成單純的「誤差率」與「絕對誤差率」、「標準誤差率」。如果只研究誤差，檢視單純的誤差率應該就行了，但這種時候，正誤差與負誤差會互相抵銷，因此有可能讓人誤以為預測的精準度比想像的好。

想知道預測的失準程度若無關正負會有多大的差異，使用轉換成絕對值的「絕對誤差率」，或是將絕對誤差率開根號的「標準誤差率」，會比較適合評核精準度。

如同上述，進行視覺化時還**需要判斷「能有效運用於業務的資料呈現方法是什麼」、「有沒有可能造成誤解」的洞察力**。因為我們必須用適合自家公司的邏輯來加工資料，而不是單純使用從教科書上找來的指標。

▌利用目標進行管理的MBO、BSC、TQC能夠運用嗎？

曾經流行一時，現在仍有人使用的視覺化手法，有「**目標管理（MBO：Management by Objective）**」、「**平衡計分卡（BSC：Balanced Score Card）**」、「**全面品質管制（TQC：Total Quality Control）**」。

MBO是**配合預算的制定，將公司目標分解成部門目標，設定各部門的目標數值，然後測定目標值達成狀況的經營管理手法**。

BSC是進一步**以財務觀點、顧客觀點、業務程序觀點、教育與成長觀點這4個成功因素觀點，將MBO與指標連結起來設定、評核的方法**。另外，指標分成顯示結果的「結果指標」，與提前反映變化的「領先指標」。先改善領先指標的話，結果指標也會隨之改善。

TQC則是**將經營目標分解成各項指標**。經營目標若是利潤，就將目標分解成營收與成本，接著再將成本分解成製造成本與銷管費，然後繼續細分化。

無論何種手法，所用的指標都稱為「**KPI（Key Performance Indicator：關鍵績效指標）**」，而且是拿**實際值跟KPI的目標值或標準值做對比**。

MBO、BSC、TQC都能將整個公司與部門的關聯視覺化，設定有助於實現經營目標的KPI。雖然是相當實用的手法，但如同前述，運用時不可缺少技能與洞察力，還要檢查是否適合自家公司。設定SCM的指標時，三者都是相當實用的方法。

不過，無論如何都必須留意，如果KPI（管理指標）沒進行符合實務的視覺化，就會淪為空想的「可見化」。

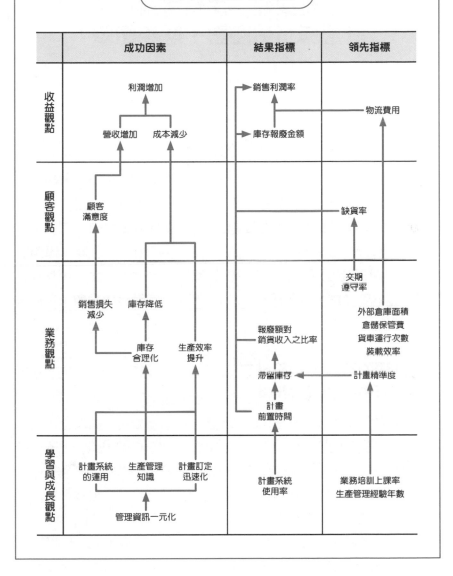

BSC（平衡計分卡）範例

「規劃業務」之預實對比、
計畫與預估驗證、財務衝擊

計畫的視覺化，正是SCM先知先覺的對應之神髓。

▌設定業務上的視覺化所需的指標

　　MBO與BSC，是適合設計經營管理指標或SCM指標的方法，但卻**不足以進行業務上的視覺化**。業務所需的視覺化，必須要能用來執行業務。本節就來說明，**「規劃業務」所需要的視覺化**。

　　規劃業務所需要的視覺化，有跟需求計畫相關的「**需求預測誤差**」、「**銷售計畫預實**」、「**銷售額預估**」。另外，與庫存有關的「**進銷存計畫／產銷存計畫**」，以及S&OP的「**數量與金額**」也都需要視覺化。

▌需求預測誤差、銷售計畫預實、
銷售額預估的視覺化

　　進行需求預測時，要將「需求預測誤差」視覺化。如同上一節的說明，誤差率分成單純的誤差率與絕對誤差率、標準誤差率。若要避免正負誤差相抵，進行正確評核，可以用絕對誤差率或標準誤差率。

　　銷售計畫的預算與實績，以及銷售額預估，則是將整個月每日的達成狀況與預估，以及整年度每月的達成狀況與預估視覺化。

　　拿實績與銷售計畫做對比是很普遍的做法，假如除了預實對比外還能做預測，例如「照目前的情況來看，計畫（預算）會如何發展」、「要不要透過促銷活動之類的方式努力衝業績」、「真正可期待的銷售額預估是多少」等，並且將這類預測視覺化，就能在SCM上預先做好準備。

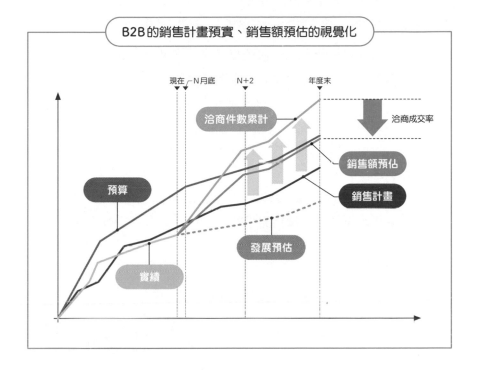

B2B的銷售計畫預實、銷售額預估的視覺化

現在　N月底　N+2　年度末

洽商件數累計

洽商成交率

銷售額預估

銷售計畫

預算

發展預估

實績

　　換言之，只要「銷售目標（預算）」與「實際發展之預估」、「包括促銷活動在內的銷售計畫」與「預估可達成的銷售額」能進行對比，就能看出**自家公司銷售計畫的風險**。因為能夠驗證哪個計畫或預估應該是可靠的，所以可用於準備需要的生產能力或先行採購物料。也就是說，這麼做有利於預測。

　　另外，如果預想計畫或預估的未達成幅度會很大，就可藉由先行停工等方式降低生產能力，或者取消採購或延長採購期限。總之能夠降低風險。

　　尤其對B2B產業而言，銷售額預估的視覺化更是必不可缺。如果可以搭配業務銷售流程管理，將洽商分類為「確定可拿到訂單的洽商」、「不確定結果的洽商」、「陪榜而拿不到訂單的洽商」、「因為某些緣故不該受理訂單的洽商」，並且跟進度管理一起視覺化，同樣能夠做到先知先覺的對應。

▋進銷存計畫、產銷存計畫的PSI資訊視覺化

如果能根據銷售計畫，將進銷存計畫、產銷存計畫視覺化的話，**「庫存的計畫」**與**「預估變動」**也能夠視覺化。

對SCM而言，看得見未來的庫存變化具有很大的意義。此時經過視覺化的資訊稱為**「PSI」**。PSI資訊即是指P：Purchase／S：Sales／I：Inventory（**進銷存**）與P：Production／S：Sales／I：Inventory（**產銷存**）的資訊。

PSI是發祥於日本製造業的SCM上的視覺化。看得見PSI，就能**看見進貨／生產與銷售、庫存的平衡**。在SCM的規劃業務上這是不可或缺的視覺化。

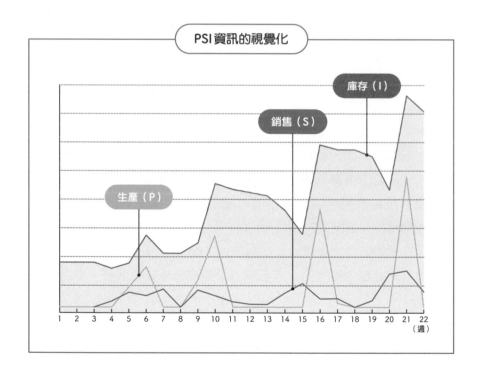

PSI資訊的視覺化

▋S&OP的數量與金額之比較，以及財務資訊

將PSI資訊用在S&OP上時，除了檢視數量外也要轉換成金額。因為轉換成金額後，才能知道庫存的資金負擔等資訊。

將PSI視覺化時，如果也將「**庫存月數**」可見化，就能夠將庫存對比銷售額或銷售計畫是多是少這點視覺化。

庫存月數是以金額計算，一般使用的是**對比年平均銷售額的「庫存月數（Month of Stock＝存貨金額÷年平均銷售額）」**這項指標。

但是，這樣就會喪失「存貨是供未來的需求銷售所用」之觀點，所以還有一種指標是**對比「銷售實績÷計畫」的庫存月數**，也就是**「可銷售庫存月數（Month of Supply＝扣掉〔存貨金額－翌月以後的銷售額÷銷售計畫〕後庫存歸零所花的月數）」**。

若是使用Month of Stock，即使是針對季節性的銷售波動準備存貨，但因為除以銷售額的平均值，導致存貨看起來是過剩的。反觀Month of Supply是表示撐得住往後幾個月的銷售，所以能夠明白實際上存貨並未過剩。

S&OP也會分析SCM的計畫實績與未來的財務衝擊。先將銷售計畫轉換成銷售金額，接著還要規劃製造成本與銷管費等費用，設想利潤。盤存（主要為存貨）增減的資金衝擊、收益與成本的損益表衝擊也一定要視覺化，掌握財務上的影響。

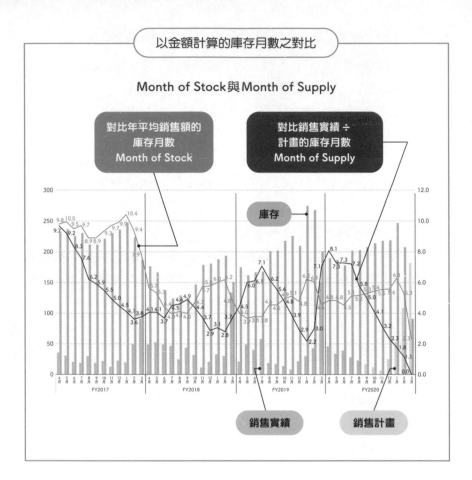

以金額計算的庫存月數之對比

Month of Stock與Month of Supply

對比年平均銷售額的
庫存月數
Month of Stock

對比銷售實績 ÷
計畫的庫存月數
Month of Supply

庫存

銷售實績

銷售計畫

「執行業務」之指示／標準值與進度／實績的對比，以及警報

執行業務的視覺化不可缺少迅速的回饋

▊ 執行業務要設定標準值，與實績做對比

「執行業務」是以指示與管控為主軸的業務。「規劃業務」設定的計畫值或目標值，就是執行業務該達成的標準值。企業要拿這個標準值與實績做對比，然後採取行動。

舉例來說，現在有一項生產計畫。生產計畫設定「幾月幾日前要製作100個」，提出交期與數量這2項標準值。那麼就要將「交期與數量這2項標準是否達成」這點視覺化。如果對象是自家公司，就是將「生產交期遵守率」視覺化；如果對象是供應商，則將「交貨交期遵守率」視覺化。

另外，品質或成本也會設定指標。例如預算以99.99％的良品率為目標、成本來源之一的設備稼動率設定為80％、某品項的標準作業時間設定為1個要花5分鐘等，總之會設定這些標準值。然後對比標準值，將實際值視覺化，以便確認實際值與標準值的差異。接著分析為什麼會出現差異，再進行改善。

製造指示的實績匯集在「MES」裡。設備的稼動狀況則匯集在「SCADA」裡。工資率與進貨單價等用來計算財務數值的標準值，則儲存在「核心系統（ERP）」裡。

製造現場也會將這些數值視覺化，此外為了統計需要的單位來檢視工廠的績效，負責管理業務的生產管理部門或生產技術部門、工廠會計部門等組織也要實施視覺化。如果是在現場察看，可直接透過MES或SCADA視覺化，不過使用BI加工資料的話，能使視覺化後的

資料更方便檢視。

　　至於採購，供應商的QCD（品質、成本、交付）也要視覺化，經過評核後，要向達成度時常不佳的供應商提出警告或提醒。

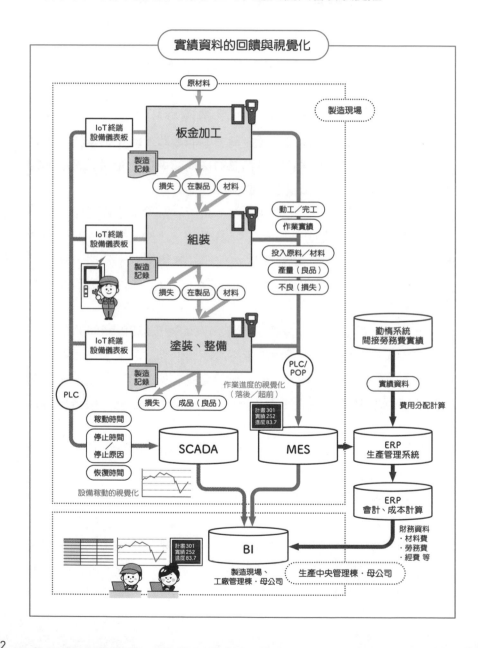

利用警報，促進現場立即行動、立即處理

在執行業務的視覺化當中，有些東西可促進製造現場立即處理問題。例如生產計畫的進度，可促使人員透過作業進行補救。設備運轉效率低落時，生產技術部就會飛奔到現場調整機械。如果實際值未達標準值，就會透過BI發出警報。

供應商未交貨，是提醒採購部門催促廠商立即交貨的警報。因為該交貨時未交貨會影響製造，必須立即應對處理。

同樣的，未交貨件數與未交貨訂單（**Back Order：BO**）也會進行視覺化。因為未交貨訂單一多就會影響生產，公司必須督促供應商解決未交貨訂單。此外採購專員也有可能因為工作繁忙，忘記自己該解決的未交貨訂單。

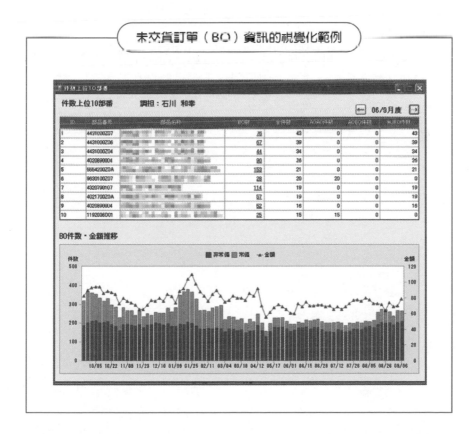

未交貨訂單（BO）資訊的視覺化範例

日本的製造業會透過現場的奇特機器發出警報，提醒人員停止設備，或是通知生產技術部門趕來處理。要奠定SCM的基礎力，提升現場的管理水準，不可缺少這種現場的警報。

▌ 實際成本計算與標準成本計算的差異分析

實績若與成本管理連動就能進行「**成本計算**」。依據實績計算成本的方法稱為「**實際成本計算**」。

在計畫上，以標準值計算成本的方法稱為「**標準成本計算**」。有了實績後，就能夠比較標準成本計算與實際成本計算。假如標準與實際有差異，就要分析為什麼會產生這個差異，然後進行改善。

舉例來說，如果實際勞務費比「標準勞務費」高，就分析「是作業員的單價（工資率）上漲了嗎」、「是花了多餘的工時嗎」，找出原因與需要改善之處。

另外，如果SCM要管理數家工廠，或是全球化後集中管理各國工廠，也要將各工廠的成本或單價視覺化，讓人能夠比較。

能夠比較的話，不僅可以激起改善的競爭，也能夠模擬臨時增產時，若將生產計畫分配給替代工廠的話有無利潤。

物流追蹤對業務的貢獻

運輸追蹤與配送追蹤。

▌ 何謂物流追蹤？

「物流追蹤」就是，追蹤已出貨的貨物，披露物流的進度資訊。
在宅配領域這已是很普遍的服務了。

物流追蹤是追查貨物的行蹤，提供「貨物目前在什麼地方、處於
什麼狀態」這類貨態資訊。

最近，客戶的要求變得更加嚴格，他們想知道「貨物會在幾個小
時內送達」，或是「貨物目前在什麼地方，大約什麼時候會送達」。
翌日配送與指定時間配送之所以在宅配領域變得很普遍，是因為客戶
能夠接收貨物的時間有限，追蹤資訊才會派上用場。

B2B事業也一樣。收貨的客戶希望「能夠安排日程，還要準時又
有效率」，而且這樣的要求愈來愈強烈。有辦法做到這點，要歸功於
資訊技術的發達。

雖然物流追蹤在以消費者為對象或小宗配送的產業是很普遍的服
務，但對於公司之間的交易，此服務的提供仍嫌不足。儘管物流追蹤
的需求很大，但現實中除了物流公司的因素外，還受制於各貨主公司
的各種因素而無法實施。

如果能實施物流追蹤，可以獲得以下的好處：

● **倉庫可先做好接收貨物的準備**
● **可掌握延遲狀況，採取行動**
● **可掌握在途存貨（運輸中的存貨）**
● **可回覆客戶正確的交期**

尤其當產品庫存吃緊時，如果看得到到貨時間表就能回覆明確的交期。如此一來既不會錯失銷售機會，又能提升顧客服務水準，因此建議企業一定要建構物流追蹤機制。

▌客戶訂單與物流訂單的串接

要建構物流追蹤機制沒那麼簡單。因為必須整合訂貨公司、物流業者、出貨公司的傳票編號，以及有關運輸的管理編號才行。

假設訂貨公司想知道，自家公司某個採購訂單編號的貨物何時送達。那麼，出貨公司就必須將客戶的採購訂單編號，與自家公司的客戶訂單編號、出貨編號串接。

除此之外，出貨編號還得跟物流公司的貨車車號串接。如果使用自有物流就能自行解決，如果是外包就必須跟物流公司協同合作了。

至於國際物流就更複雜了，不僅要串接貨櫃編號，還要串接船班編號或航班編號。如果因混載或分批出貨導致船班或航班分離，要串接就非常困難了。

所幸，最近在資訊技術的發展下，物流追蹤的連動技術也有了進步，甚至還出現了提供追蹤資訊的服務型企業。運用這類公司提供的物流追蹤資訊，也是一個可考慮的選項吧。

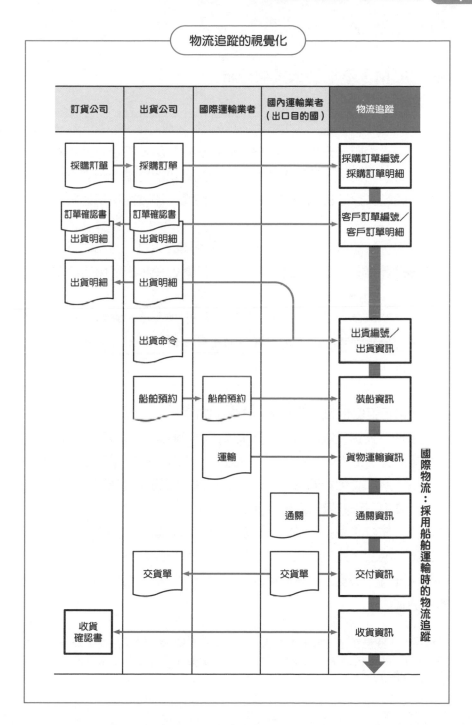

物流追蹤的視覺化

訂貨公司	出貨公司	國際運輸業者	國內運輸業者 （出口目的國）	物流追蹤
採購訂單	採購訂單			採購訂單編號／ 採購訂單明細
訂單確認書 出貨明細	訂單確認書 出貨明細			客戶訂單編號／ 客戶訂單明細
出貨明細	出貨明細			
	出貨命令			出貨編號／ 出貨資訊
船舶預約	船舶預約			裝船資訊
		運輸		貨物運輸資訊
			通關	通關資訊
交貨單			交貨單	交付資訊
收貨 確認書				收貨資訊

國際物流：採用船舶運輸時的物流追蹤

運用SCM，不能對大數據分析
抱持太多期待

先前「大數據分析」在社會上掀起熱烈討論，不過最近逐漸退燒了。當時人們期待，只要蒐集資料，再交給統計專家或AI去分析，就能得出超越人類分析能力的分析結果。然而，這種期待不過只是幻想罷了。

首先，雖然稱之為大數據，但公司蒐集的資料，若扣除一部分的行銷或實驗等資料，實績數（樣本數）其實很少，統計分析的精準度不高。

尤其在SCM涵蓋的銷售、生產、物流等領域，資料的樣本數很少，統計分析有其極限。由於樣本數不多，實在做不了大數據分析之類的分析。

● 需要統計模型化的知識與資料分析的技能

再者，要進行統計分析，必須在資料之間建立假設模型。就算只是要單純比較2筆資料的關聯（相關），仍需要辨別兩者是否為獨立的（兩者並未受到相同影響）資料，況且相關關係並非因果關係，其中一方發生不代表另一方也會發生。

進行統計模型化的知識，以及分析資料判斷模型顯著性的技能都是必不可缺的。此外，還必須具備深入洞察自家事業的能力。否則就有可能淪為「颱風時，木桶商就會賺大錢」這種不合理的分析，浪費寶貴的時間。

（譯註：「颱風時，木桶商就會賺大錢」為日本諺語，原意是指乍看無關的兩件事其實存在著因果關係，現在則多用來指根據可能性低的因果關係做出牽強離譜的結論）

Chapter

6

SCM系統基礎篇：

靈活組合與運用
構成SCM的系統

SCM系統全貌：

組合適切的系統，將SCM當作武器

單獨的套裝軟體無法構成SCM系統。

▌SCM是由廣泛的系統群構成

本章要說明的是**支撐SCM的系統**。SCM是靠範圍廣泛的組織協同合作去支撐運作，因此無法只用單一系統來建構。雖然坊間看得到、聽得到「這就是SCM系統」之類的宣傳，但執行一小部分的業務並不能算是SCM。

本書已在前面章節介紹過SCM的業務。公司要建立SCM，不可缺少與業務有關的系統。如同上述，SCM並非單一系統，而是由好幾個系統組合而成。也就是說，SCM是由廣泛的系統群構成，而且需要整合各個系統。因此，必須瞭解符合各項機能的系統，並且使這些系統互相串聯。

要將各個系統整合成SCM系統，就得先掌握**支撐SCM的系統全貌與各系統的功能**。那麼，我們先來看看支撐SCM的系統全貌吧！

▌支撐SCM的系統全貌

在SCM中與需求有關的機制，有「**需求預測系統**」。這是用來**進行需求預測，以作為訂立銷售計畫時的輸入資訊，或當作參考資訊的系統**。

B2B產業還有管理公司與客戶洽商狀況的「**SFA（Sales Force Automation：銷售自動化〔參考6-3〕）**」。這個系統是用來管理洽商的規模、報價單上的品項與數量、業務銷售流程的階段進度，以

作為訂立銷售計畫時的輸入資訊或參考資訊。

　　而「**SCP（Supply Chain Planning：供應鏈規劃〔參考6-4〕）**」，則是用來管理輸入需求預測或洽商資訊所訂出的銷售計畫。SCP是訂立銷售計畫與進銷存計畫、產銷存計畫的系統，乃**SCM的「規劃業務」之核心**。

　　「**ERP（Enterprise Resource Planning：企業資源規劃〔參考6-5〕）**」是接收來自SCP的「**主生產計畫（MPS：Master Production Schedule）**」，並進行「**物料需求規劃（MRP：Material Requirement Planning）**」，再建立製造命令或採購命令，然後下訂單的系統。ERP通常也包含會計處理功能，可用來進行債權債務管理。

　　製造命令只是以日為單位的製造指示，因此要訂立細排程計畫，輸出製造順序計畫，此時使用的系統就是「**排程器（參考6-6）**」。先考量限制條件，再訂立適當的順序計畫。

　　將製造命令分解成詳細的作業指示，並且收集實績的機制是「**製造執行系統（MES：Manufacturing Execution System〔參考6-7〕）**」。MES會與手持裝置或PLC等工具串聯，發布指示並收集實績。

　　另外，收集設備稼動狀況的是「**SCADA（Supervisory Control And Data Acquisition：資料採集與監控系統〔參考6-7〕）**」。SCADA可統一管控現場設備群並收集資料。有些流程型工廠會建立大規模的SCADA當作工廠的設備監控機制，有些工廠則是建立小規模的SCADA，只用來收集設備的稼動實績。

　　至於物流系統，有倉庫進行現貨管理的「**WMS（Warehouse Management System：倉儲管理系統〔參考6-8〕）**」，以及用來進行運輸管理的「**TMS（Transport Management System：運輸管理系統〔參考6-8〕）**」。

　　用來整合及視覺化SCM各種資料的系統是「**BI（Business**

Intelligence：商業智慧〔參考6-9〕）」。BI與各系統串聯，是儲存欲視覺化之資料的資料庫，此外也能加工資料讓人方便檢視。

基本上，SCM就是由上述的機制構成，除此之外還有其他的特殊機制，例如製藥業有彙整檢查結果的「**LIMS（Laboratory Information Management System：實驗室資訊管理系統）**」。

以及在工廠的網路基礎建設中，有「**PLC（Programmable Logic Controller：可程式控制器）**」與設備連結，作為接收、傳送資料與控制的媒介，PLC的後面則有IoT終端、設備儀表板以及設備本身。

層級比PLC低的是工廠的現場管制系統群，這裡就不詳細說明了，總之這個系統群具備接收、傳送指示與實績的最下層功能，一定要與上位系統MES或SCADA串接才行。

另外，與**設計鏈管理（Design Chain Management）**有關的系統，是串接SCM的重要系統群，包括管理設計圖資訊的「**CAD（Computer Aided Design：電腦輔助設計）**」、以產品生命週期為單位管理產品品項資訊與產品結構資訊的「**PLM（Product Lifecycle Management：產品生命週期管理）**」、管理品項資訊的「**PDM（Product Data Management：產品資料管理）**」、管理各種主資料的「**MDM（Master Data Management：主資料管理）**」等，這些系統與SCP、ERP以及許多其他的機制連動。

PLM、PDM、MDM是用來管理產品或零件資訊的重要系統。尤其在變更設計時，零件的變更資訊必須及時與BOM（物料清單）同步更新才行。

因此，PLM等系統需要建構管理BOM的版本，及時同步更新ERP所用的生產BOM、維修所用的維修BOM的機制。

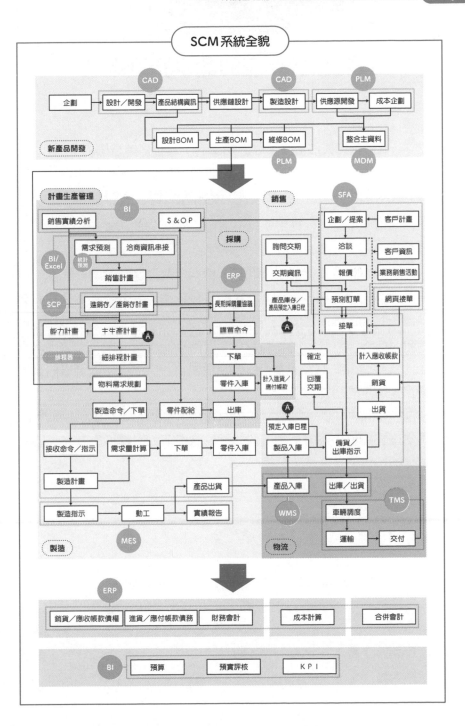

SCM系統全貌

進行統計預測的需求預測系統

統計預測雖然能成為強力的工具，但也是有極限的。

▌實施用於SCM的需求預測所使用的專用軟體

目前市面上有幾款專用軟體可進行用於SCM的需求預測。除了專用軟體外，SCP之類的系統也有附屬模組。

無論何者，各系統都能安裝統計模型，選擇適當的統計模型進行需求預測。不過，選擇的模型並不能直接使用，要調整模型公式與參數，改善預測值的擬合度。

如同前述，具代表性的模型有「移動平均模型」、「指數平滑模型」、「季節變動模型」等「**自迴歸模型**」。自迴歸是**以過去的實際值算出預測值的模型**。

舉例來說，指數平滑模型是按照對預測值的影響，賦予近期實際值與過去實際值不同的權重。假如近期實際值的影響權重為 α，過去實際值的影響權重就是（$1-\alpha$）。

用式子來表示就是：

$$Xt = \alpha\,Xt-1 + (1-\alpha)Xt-2$$

此時，選擇權重的參數 α 之數值即是所謂的調整。

統計模型有各式各樣的種類，例如：「Winter法」、「Holt-Winters法」、「Croston法」、「基於整體裝機量的預測」等，選擇模型與調整參數都不可缺少統計知識與技能。若要說明統計公式會變成長篇大論，想進一步瞭解詳情的人請參考統計分析相關書籍。

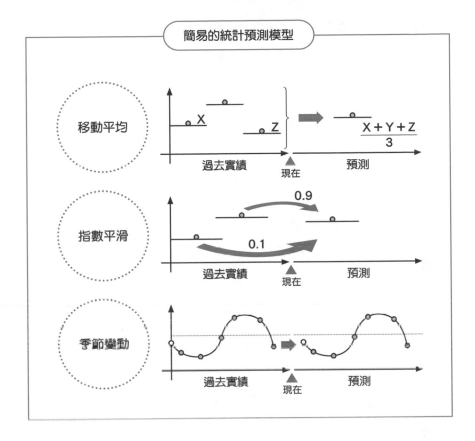

另外，有些套裝軟體會自動選擇模型與參數。軟體會根據過去實績幫忙選擇在迴歸分析上擬合度佳的模型。雖然看似簡單又方便，但使用者仍必須具備足以判斷，套裝軟體選擇的模型是好是壞的知識與技能。

調用統計分析軟體

也可以不使用專用的需求預測系統，而是調用統計分析軟體。這種時候更加需要統計知識與技能。

另外，由於這個系統本來就不是拿來進行SCM的需求預測，而是用來統計分析，要能在實務上使用，得花不少工夫或是得改造軟體。

▌使用電子試算表建立統計預測模型

雖然需求預測系統很有用，但必須建構系統、熟悉軟體才行，這種方法很花成本。因此也有非常多公司不使用專用的預測套裝軟體，而是用電子試算表進行統計預測。

電子試算表的函數也包含了統計公式，因此只要使用函數就能建立統計預測模型。不必用到太複雜的公式，我們也能以更簡易的方式建立模型，例如單純直接使用去年同期的資料，或是拿前者的資料乘以事業擴大比率再乘以1.1倍等。

其實，這種想法單純的公式要比統計公式更好理解，因此電子試算表是許多公司會選擇的工具。

MINI COLUMN 6

統計預測與AI ─

統計預測是以數學的統計手法進行的預測業務。由於使用的是數學手法，經常可以聽到諸如「能不能丟給AI（Artificial Intelligence：人工智慧）去處理呢」這類荒謬的言論。統計預測業務並非單純的資料回饋，必須使用統計模型，因此無法輕易丟給AI去處理。

B2B事業用來預估業績的
業務銷售管理系統「SFA」

對B2B的SCM而言，業務銷售管理系統是不可或缺的系統。

▌業務銷售管理分成3種管理範疇

對B2B事業而言，「**業務銷售管理**」是必不可缺的。業務銷售管理大致分成3種管理範疇。其中一種是「**客戶資料管理**」，另一種是「**業務銷售活動管理**」，最後一種是「**業務銷售流程管理**」。

「**客戶資料管理」是管理客戶的資訊**，例如客戶名稱、組織名稱、承辦人姓名、職銜、過去的交易紀錄，以及其他的客戶資訊。不少公司的客戶資訊，只儲存在各個業務員的頭腦裡或名片簿裡，這樣一來公司的資訊資產就會變成個人的東西，無法由組織來運用。而「**SFA（Sales Force Automation：銷售自動化）」則可集中管理客戶資訊**。

「**業務銷售活動管理」是管理業務員每日的業務銷售活動**。先安排日程，然後每日報告跟誰進行了何種面談、面談內容與問題、課題、目前的狀況、今後的預測與行動。這也可以算是所謂的「日報管理」吧。有些公司的日報也是只用試算表或電子郵件回報，或者口頭報告就了事，日後無法驗證或是會遺失，沒辦法與組織共享，因此最好利用系統集中管理。

最後是「**業務銷售流程管理**」。業務銷售流程的步驟大多是固定的。雖然步驟因產業或企業而異，不過一般都是「**企劃—洽談—規格討論—報價—預測訂單—接單—出貨＆交付—銷貨**」。每個步驟都是一個「**階段**」。如果無法進入下一個階段就抵達不了最後的銷貨，所以要將「階段有無進展」、「能否談成這筆生意」這類資訊視覺化加以管理。

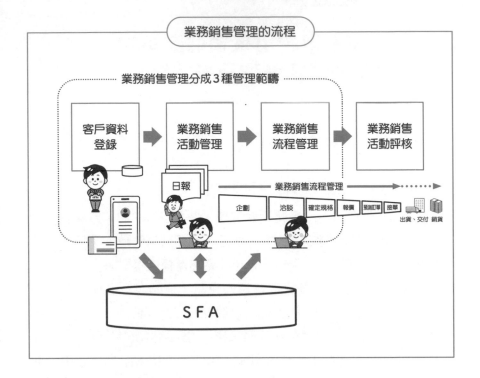

業務銷售管理的流程

業務銷售管理分成3種管理範疇

客戶資料登錄 → 業務銷售活動管理 → 業務銷售流程管理 → 業務銷售活動評核

日報

業務銷售流程管理

企劃｜洽談｜確定規格｜報價｜預測訂單｜接單

出貨、交付 銷貨

SFA

▋ 業務銷售流程管理的程序與重要性

　　以上三者都是很重要的管理，不過日本企業最欠缺的就是「業務銷售流程管理」了。因為沒制定業務銷售流程，導致業務銷售活動因人而異，只有業務員自己清楚狀況，其他人都不曉得產品銷路是好是壞。能不能達成預期的銷售額呢？繼續使用經費就能達成利潤目標嗎？組織無法掌握這些資訊，不得不在搞不清楚狀況的狀態下行動。

　　另外，沒做到業務銷售流程管理的話，不利的案子很容易隱匿不報。例如明明有案子，業務員卻沒報告，突然獲得業績就得意地宣揚，給工廠與其他人添麻煩。新進人員不清楚流程，不知道接下來該做什麼，結果到了重要階段卻忘記報告，同樣會給工廠添麻煩。

　　業務銷售流程管理，**是將各個洽商案件視覺化，追蹤案件進展，朝著成交獲得業績的方向推進，如此一來就能評估營收與利潤能否達**

到預算目標，如果不能就研擬對策。想要有計畫地達成營收與利潤，這是不可或缺的管理。

▋ B2B的業務銷售流程管理要與SCM連動

另外，業務銷售流程管理必須跟SCM連動。原因如同前述，要是業務員隱匿不報或是忘記報告，供應就會出問題了。

舉例來說，即使接到大筆生意，要是事前沒告知，缺少原材料或零組件的話也製作不了。此外也必須準備好製造能力才有辦法製作。製造、採購物品也有各種限制，如果事前沒分享資訊做好準備的話就無法因應。無法供應就會造成失去訂單、喪失客戶的信賴這種嚴重的結果，損害公司的收益。要在事前分享資訊，業務銷售組織得先做好管理、共享資訊，透過S&OP做生產或採購的決策。

另外，不認真做好業務銷售流程管理的話會給公司帶來風險，最後造成損失。假如公司裡有許多業務員不認真做好業務銷售管理，自以為爭取得到案子，未經組織的驗證與同意，就擅自要求工廠先行生產或採購，結果最後卻不負責任地說「那筆生意告吹了」，這樣的公司可就大有問題了。因為存貨要是滯留、報廢會造成很大的損失。

經營B2B事業卻未將業務銷售管理標準化、系統化的公司，已經跟不上時代了。在SCM上這是一定要連動的業務。

▋ 進行業務銷售管理的SFA

「SFA」是進行上述業務銷售管理的系統，其能進行**客戶管理、洽商活動管理、業務銷售流程管理**。雖然SFA並非SCM系統，不過這是經營B2B事業的公司必備的系統，而且也是支撐必須與SCM連動之業務的系統，企業應該導入並善加運用。

SCM系統的神髓：
規劃類系統「SCP」的導入方法

用來訂立供應鏈所有計畫的系統。

SCP的業務範疇與各項功能

「SCP（Supply Chain Planning：供應鏈規劃）」是負責規劃的系統，涵蓋範圍包括需求預測、銷售計畫、進銷存計畫、產銷存計畫、生產計畫、採購計畫。

雖然有些SCP具備需求預測模組，不過市面上也有用來進行需求預測的系統，因此不見得一定要使用SCP的需求預測模組。

另外，就算SCP具備需求預測模組，也不該隨隨便便使用。需求預測需要模型化與調整，所以應慎重選擇要使用的系統。

至於銷售計畫，必須要能保持數種銷售計畫。此外，銷售預算、銷售實績、上次的銷售計畫、業務銷售的銷售計畫、行銷部門的追加等，這些有關銷售計畫的資訊都要視覺化。而要保持、視覺化數種計畫，就會使用SCP這個系統。

進銷存計畫或產銷存計畫也是由SCP規劃。將數個庫存據點的PSI計畫串聯起來的話，也能夠訂立整個供應鏈的連鎖計畫與各庫存據點的庫存計畫。

另外，SCP也能夠針對產銷存計畫的生產請求，訂立作為主生產計畫的生產計畫，以及與主生產計畫連動的採購計畫。

SCP所需的計畫BOM與限制條件的考量

訂立採購計畫時要有簡易的產品結構資訊，但不必像MRP（物料需求規劃）所需的製造BOM（Bill Of Materials：物料清單）那樣包

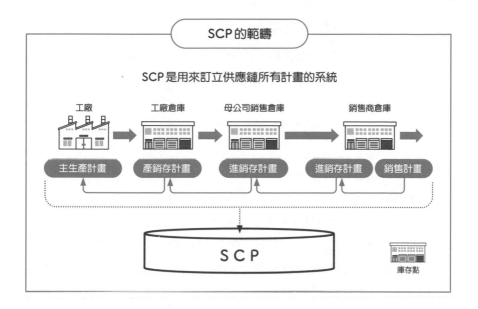

羅萬象，只要有可維持未來的計畫、要與供應商協議長期採購量的採購計畫所需要的品項結構就夠了。另外，如果需要橫跨數間工廠的中間產品庫存計畫與生產請求計畫，或是工廠內部特別考量限制條件的計畫，就不能缺少當作限制的工程能力。工程使用組裝工程或加工工程這類粗略的定義就夠了，不過當作限制時要檢視得多詳細，會影響系統化的難易度，因此必須判斷是否要考量限制，以及確定詳細度。

　　不只生產與採購，進銷存計畫與產銷存計畫也需要結構資訊。舉例來說，如果不曉得下游倉庫的進貨計畫，是對應哪個上游倉庫的出貨計畫，就無法建立PSI計畫的連鎖。所以，需要串接倉庫之間的「進貨計畫—出貨計畫」的結構資訊。這個串接的結構也是不可或缺的計畫BOM。

　　另外，偶爾有人會要求訂立考量倉庫間運輸等運輸限制的計畫。有些SCP系統也能夠設定運輸限制。

同時規劃與調整數個據點

SCP可同時規劃數個據點。因此，可以比較各據點計畫，再用來進行各式各樣的調整。當某工廠接到的生產請求過大，超出生產能力限制時，如果其他工廠的生產能力有餘裕，就將之當作替代工廠，進行生產分配，分攤生產請求。同樣的，當部分工廠的生產過少，預估工廠收益將會惡化時，也能使用SCP進行生產分配。

另外，如果數間工廠所用的同個零件都是向同一家供應商採購，當供應銳減而發生搶零件的狀況時也能居中協調各工廠，再與供應商協調。換言之就是針對採購計畫中成為限制的零件實施供應分配。

只要像這樣以SCP將供應鏈上的計畫視覺化，**數個據點的庫存、進貨、生產、採購的狀況就會隨之視覺化，可在事前有計畫地進行必要的調整**。

將供應鏈上的計畫視覺化後，**調整就靠S&OP來判斷。SCP主要負責規劃數量**。

有些SCP系統不擅長製作圖表，因此圖表之類的有時會交給BI（Business Intelligence）製作。另外，S&OP也會檢視換算成金額的計畫，而金額換算同樣大多交給BI處理。

大約在2000年的時候，標榜自動最佳化的SCP在日本掀起流行，但許多公司並未善加運用，結果浪費了數億日圓、數十億日圓。即使到了現在，計畫仍是各公司有各種不同的做法、難以系統化的領域。如今仍有供應商會以「只要使用這款套裝軟體，就能實施SCM或S&OP」這種花言巧語來推銷，因此要多加注意謹慎選擇SCP喔！

正確選擇與導入核心系統 「ERP」的方法

支撐執行業務的核心系統，其作用是管理傳票、匯集指示與實績。

ERP是指示與實績的資料庫

「**ERP（企業資源規劃）**」是Enterprise Resource Planning的縮寫。既然稱為資源規劃，應該就是規劃人、物、錢的意思吧，但實際上ERP的作用並非規劃，各位可以將其視為**計算處理，以及指示與實績的資料庫**。

ERP中相當於Plan的部分主要是「**需求量計算**」，若從SCM的角度來看，這並非規劃而是「**計算處理**」。其並非「規劃業務」，應該歸類為「執行業務」。

ERP的能力計畫很弱，不適合訂立所謂的設備能力計畫與人員計畫。有些ERP能夠登錄預算之類的計畫，但就彈性來說，實在不怎麼適合用來訂立預算。

換言之雖然這個系統叫做ERP，但正確來說並不能隨意規劃人、物、錢，**只能計算物的需求量**。另外，ERP也是**能夠統計指示與實績的系統**，各位只要這麼想就沒問題了。

在SCM上有關聯的，主要為生產管理與銷售管理

ERP具有許多「**執行業務**」方面的功能。

主要為生產管理、銷售管理與會計管理，各款套裝軟體也有其他不同的功能。挑選ERP之所以困難，是因為其業務功能的涵蓋範圍很廣，功能的有無與特徵因套裝軟體而異。

在SCM上有關聯的，是生產管理與銷售管理。 生產管理是指進行

需求量計算，建立「**製造命令**」與「**購買命令**」的功能。接收到來自 SCP的生產請求後，接著進行MRP處理，再建立這2種命令。

製造命令傳送到MES，經過作業分解後變成製造指示。購買命令是在ERP內轉換成訂購，然後進行採購處理，以及預定入庫日程管理。訂購的東西交貨後，就進行入庫處理，再計入庫存與應付帳款。

至於銷售管理，則是接下訂單後，準備存貨，下達出貨指示。出貨後發出請款單，然後計入銷貨與應收帳款債權。

ERP在進行這類執行處理時，是使用「**傳票**」畫面登錄處理內容。下達出貨指示時是登錄在「**出貨傳票**」裡，接單時是登錄在「**訂單傳票**」裡，訂貨時則是登錄在「**採購傳票**」裡，在ERP裡留下處理過的紀錄（存底）。製造命令與購買命令也是傳票的一種。

▌收集實績計算成本，進行財務會計處理

ERP匯聚了各種傳票的實績，收集各種實績資料。成本計算便是根據有關生產的實績資料來進行。

傳票（交易紀錄）當中也有相當於會計分錄的東西。與訂購相關的入庫傳票相當於「進貨／應付帳款」，出貨傳票則相當於「應收帳款／銷貨」。這些處理會變成會計分錄，記入財務會計用的「總分類帳」留下紀錄。總之，ERP能夠進行成本計算與財務會計處理。

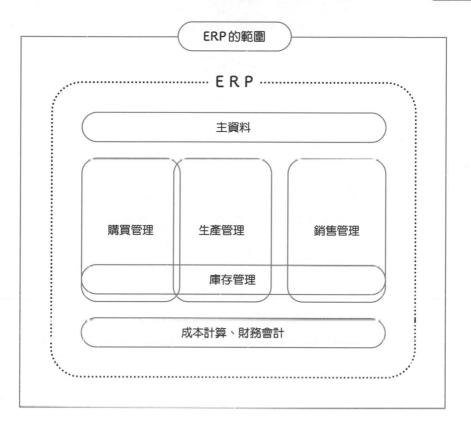

ERP的範圍

E R P

主資料

購買管理　　生產管理　　銷售管理

庫存管理

成本計算、財務會計

MINI COLUMN ❼

──　**ERP不是「規劃」**　─

　　ERP是Enterprise Resource Planning的縮寫，由於使用了Plan這個詞，有些人誤以為這是用來規劃的系統。實際上ERP能做的只有計算處理，這不能算是Plan。真要說的話，ERP是指示與實績的資料庫；不是Plan，而是Execution（執行）的系統。

負責細排程計畫的「排程器」

按時間訂立各設備生產順序計畫的系統。

▌各設備的生產順序計畫是用排程器訂立的

　　「排程器」是安排要生產的品項動工時程的系統。雖然主生產計畫或製造命令，有規劃各品項「哪一天要製作幾個」，但是缺乏「哪個品項要按什麼順序生產」這種詳細的順序計畫，所以才要安排這個順序。

　　另外，主生產計畫或製造命令，通常也沒有包含「要用哪個設備生產」之類的資訊。所以，假如X品項可用A設備與B設備生產，那就事先決定「用A設備製作」。

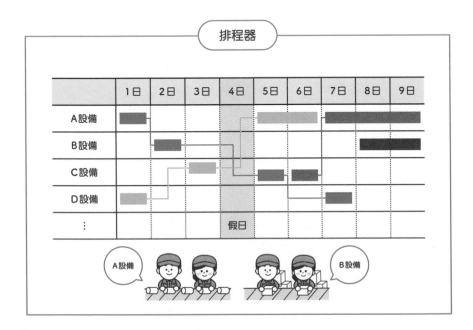

▌ 無限能力計畫與有限能力計畫的差別

得知要用A設備製作後，就根據A設備可用於生產的時間，以及製作1個X品項要花多少時間等資訊，決定**在設備的有限生產能力（有限能力、有限限制）內的可生產數量**。

同樣的，如果Y品項用A設備製作，假設A設備1天運轉、生產8個小時，而製作1個X品項所花的標準時間為1個小時，製作1個Y品項所花的標準時間為2個小時。如果發出的製造命令為製作5個X品項，以及2個Y品項，製作5個X品項就要占用A設備5個小時，消耗其有限的能力。如此一來，A設備可用的稼動時間剩下3個小時，於是Y品項就只能製作1個而已。

主生產計畫與製造命令提出的生產請求量，基本上都沒考慮生產能力。忽視能力的計畫稱為「**無限能力計畫**」。因為生產能力是限制條件，這種不考慮限制條件的計畫又稱為「**無限限制計畫**」。

反觀排程器會考量能力限制，所以稱為「**有限能力計畫**」或「**有限限制計畫**」。

▌ 排程器的計畫調整方式

拿前例來說，最後Y品項只能製作1個，不過遇到這種情況時，排程器能夠訂立幾種以不同方法製作Y品項的計畫。

例如，讓A設備加班增加稼動時間、替代設備B能用的話就分配給B、先製作Y品項等。若考量設備的稼動率，先製作X品項的話，Y品項只能製作1個，稼動時間剩下1個小時；如果先製作Y品項，製作2個Y品項要4個小時（2個×2小時），稼動時間剩下4個小時，X可製作4個，如此一來設備就能全面運轉，效率變好了。

排程器的功能，就是考量設備稼動等條件，決定各設備的生產順序。換言之，這種機制可按照設備或生產順序，訂立有效率的生產順序計畫。

治具限制、人員限制等複雜的限制條件

除了設備能力這項限制條件外，訂立生產順序計畫的**「細排程計畫」，還會考量治具限制、人員限制、技能限制、切換限制等各式各樣的限制。**

「治具限制」是指，可用在設備上的治具很少，例如雖然能用2臺設備製作，但治具只有1個，導致設備只有1臺能使用。

「人員限制」也一樣，是指設備有好幾臺，但是人員不多，導致設備無法運作。

「技能限制」則是指，雖然人數夠，但是製造技能上有會做與不會做之分，所以導致無論不會做的人有幾個，最終還是只能使用會做的人。

雖然也有排程器能夠考量這些限制條件，但條件設定會變得相當複雜，增加系統的運用難度。

另外還有一個重要的限制就是「切換限制」。切換限制是指，切換品項的順序若是改變，切換時間也會隨之改變，壓迫到設備的稼動時間，因此有必要考量生產順序。

舉例來說，先製作黑墨水再製作白墨水的話，切換時清洗設備既費力又花時間，如果先製作白墨水再製作黑墨水，清洗時間就能縮短，因此以「白⇒黑」這個順序製作，要比「黑⇒白」更有效率。

除了生產能力限制外，還有各式各樣的限制條件必須考量，但全都考慮進去的話系統會變得很複雜。有些時候，計畫只考慮最重要的限制，之後再靠人力調整反而比較合理，使用排程器時需要做出「要考慮得多仔細」這個困難的判斷。

不可缺少與ERP（MRP）的BOM不同的工程資訊等資料

排程器也有「工程」這個觀念。

ERP（MRP）也需要設定工程，不過ERP（MRP）與排程器的

工程在詳細度上有所差異，所以不能直接使用ERP（MRP）所用的BOM。

　　排程器需要設定更為詳細的工程，而且也必須具備各工程的設備資訊、各品項可以用來製造的設備等資訊，所以必須再補充與ERP（MRP）的BOM不同的工程資訊與設備資訊。

　　另外，排程器還需要各設備的稼動時間、各品項的各設備標準作業時間等資訊。總之必須進行相當詳細的設定，如果沒好好管理這些主資料，並且時時保持最新版本，排程器就無法使用。

MINI COLUMN ⑧

MRP與排程器

　　有些公司當初在引進系統時，沒導入MRP就先使用排程器，因此之後無法導入MRP，只好用排程器進行需求量計算，算出製造需求量與採購數量。由於排程器實現了MRP的功能，不少企業日後導入ERP時就煩惱：應該新增MRP嗎？ERP的MRP與排程器，功能該如何分攤、資料要如何串接？事實上，這種狀況的確令人苦惱。

工程管理「MES」與稼動管理「SCADA」要與上位系統整合

匯集現場指示與實績的MES，
以及控制設備與監視稼動狀況的SCADA。

▌MES是儲存現場指示與實績資訊的系統

製造執行系統MES（Manufacturing Execution System），是接收製造命令的資訊，將之分解成各項作業，然後下達製造指示的系統。MES裡有工程與作業資訊，並且登錄各項作業的**標準作業程序（SOP：Standard of Procedure）**。

標準作業程序，就是**各項作業該遵守的步驟或規定**。例如事先訂定這樣的步驟：首先啟動S設備，注入2公升的水後，將T原料分3次投入，每次投入500公克，接著將U原料分2次投入，每次投入1公斤，3分鐘後再投入50公克的V原料。

MES具有以手持裝置讀取條碼進行檢查，防止投入時搞錯投入的物料，以及讀取並記錄投入數量等功能。讀取貼在投入設備上的條碼，也能達到防呆效果，避免搞錯使用的設備。

製造完畢後，清點完成的數量記錄產量（生產實績），或是輸入不良數，記錄用來計算不良率的依據資料。

記錄在MES裡的投入量與產量、不良數就傳送到ERP，當作成本計算的依據資料。

▌MES亦可作為可追溯性的資料庫

MES能夠保存供應商交付入庫的物料批號。另外，還可保存各製造的實績，累積製造品各工程與作業的製造實績。製造時若能先編制

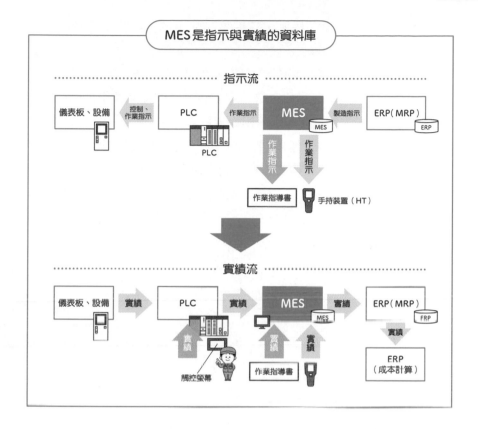

製造批號，之後就能進行批號管理。發生問題時，就可以按產品的批號追溯，找出問題是出在哪個工程或作業、哪個供應商交貨批號。

　　有了MES，就能進行批號追蹤，將可追溯性系統化，提早發現問題發生點，也就能夠提早採取對策。

▌控制與監視設備的SCADA

　　SCADA（Supervisory Control And Data Acquisition：資料採集與監控系統），是能夠事先設定設備的運轉條件，然後遠端控制設備運轉的系統。SCADA不只用來控制設備，還可以收集設備稼動狀況的資料，並且累積稼動實績運用在稼動分析上。有些工廠

的辦公樓內設有中央監控室，那裡看到的設備監控畫面就是源自於SCADA。

SCADA是近似於工廠設備基礎建設的系統，串聯設備儀表板與PLC，收集控制指示與實績資訊。導入時，要與生產技術部門或設備部門、外部的儀器裝置製造商等組織協同合作。

如果想引進IoT感測器等器材，自動收集實績資料，就可串接SCADA來累積資料。累積的資料也可用SCADA分析，不過先傳送到BI（Business Intelligence）之類的視覺化工具，加工成方便使用者檢視的狀態再分析會比較好吧。

MINI COLUMN ❾

SCM用語說明⑤

● **PLC（Programmable Logic Controller）：可程式控制器**

這是控制機械設備的運轉，並收集實績的裝置。由於可利用程式建立機械設備的控制邏輯，故彈性高，容易變更製造條件。

PLC可將來自MES的製造指示傳送給機械設備，也可將實績回傳給MES。此外還可將來自SCADA的設備控制資訊傳送給機械設備，以及收集設備的稼動資訊，回傳給SCADA將稼動狀況視覺化。由於PLC也與機械設備連動，所以建構與串聯不可缺少生產技術部與機械技師的力量。

物流效率化與倉儲管理系統「WMS」、運輸管理系統「TMS」

掌管倉庫作業與庫存資訊的WMS，
以及管理貨車安排等事務的TMS。

▍ 接收來自ERP的出貨指示執行出貨的產品倉庫WMS

倉庫要導入**倉儲管理系統「WMS（Warehouse Management System）」**。執行出貨的產品倉庫所用的WMS，在接收到ERP發出的出貨指示後，就會產生揀貨單，讓倉庫作業員去揀貨。揀好的存貨，就跟出貨傳票、交貨單、交貨收據等文件一起交給運輸業者，這樣就算出貨了。

出貨資料回傳到ERP後，變成出貨實績，產品庫存則會扣掉已出貨數量。

▍ 也可附加防止批次顛倒之類的功能

有些公司會要求，每次出貨給客戶時，備貨及出貨的存貨批號都必須比上次出貨的批號新，以免提供比之前出貨的產品還舊的產品。

雖然也可以將批號儲存在ERP裡，但為了避免資料變得龐大，有時也會將上次的出貨批號保存在WMS裡，並讓WMS具備保留較新的存貨、發出揀貨指示的功能，以避免發生批次顛倒的情況。

此時，WMS會承繼MES的製造批號，保存產品庫存資料，讓系統能夠識別。只要批號能串接WMS的出貨傳票，發生問題時就能立刻知道，有問題的批號是出貨給哪個客戶。

接收ERP發出的預定入庫日程，進行入庫處理的物料倉庫WMS

　　管理向供應商採購之物料的物料倉庫也會使用WMS。先從ERP取得預定入庫日程資料，入庫時再透過讀取條碼之類的方式進行入庫處理，然後將預定入庫日程結案。結案的預定入庫日程資料就傳送到ERP，計入入庫。

安排貨車與收集運行資訊的TMS

　　「TMS（Transportation Management System）」是管理貨車安排與運行資訊的系統。安排貨車時，先根據出貨資料按運送區域統計品項，計算容積與重量，再根據容許的容積率計算各運送區域所需的貨車數量。

　　計算貨車的貨櫃能塞進多少貨物的作業，稱為「**裝櫃計算**」。有些貨物需要用到起重機或可管控溫度的特殊車輛，因此計算好裝櫃量後，就視貨物有無需要特殊設備來分配貨車，這項作業稱為「**車輛分配**」。按照運送區域配完車後，就可以安排貨車了。

　　TMS也有**收集運行資訊的功能**，能夠記錄發車、行駛、停止等實際的駕駛狀況，以及裝載率、行駛距離、燃料費等資料。

貨車的安排既複雜又困難，使得TMS的導入窒礙難行

　　出貨時的貨車安排，目前仍是以人工處理的做法居多。安排貨車這件事意外的複雜且困難。畢竟原本就沒有堆在貨車貨斗上的貨物容積與重量資訊，而且就算想提高裝載效率，也很難用系統安排「3D裝櫃計畫」，找出能有效率地將數個包裝形式不同的貨物塞進貨櫃裡的方法。

　　能夠安排的貨車也有所限制，如果自家公司沒車就要另外包車送貨，此外也必須判斷是要選擇訂貨商能夠指定的專車運送，還是選擇

運輸路線固定的定點定線配送。由於這些作業很難系統化，由人來規劃安排比較有效率，使得TMS的導入窒礙難行。

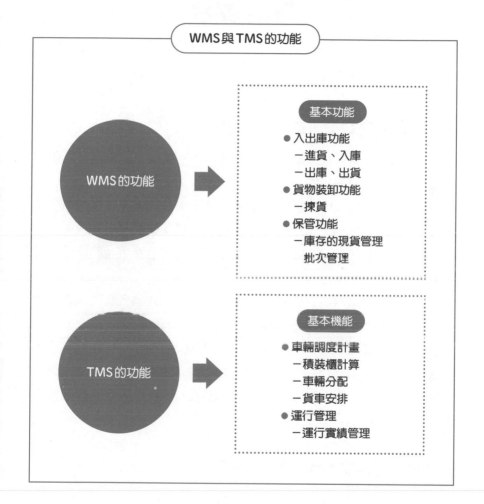

WMS與TMS的功能

WMS的功能

基本功能
● 入出庫功能
　－進貨、入庫
　－出庫、出貨
● 貨物裝卸功能
　－揀貨
● 保管功能
　－庫存的現貨管理
　　批次管理

TMS的功能

基本機能
● 車輛調度計畫
　－積裝櫃計算
　－車輛分配
　－貨車安排
● 運行管理
　－運行實績管理

將SCM與業務績效視覺化的「BI」系統

BI（Business Intelligence）支援視覺化。

▌BI是整合資料進行視覺化的工具

公司的各種資料，分散在各個系統裡。不只如此，埋沒在紙張或承辦人的電子試算表裡的資料也不少。

經過統計、加工的資料，也是保存在承辦人的電子試算表裡由個人管理，因此經常發生搞不清楚哪筆資料才是正確資料的窘況。開會時為了「資料是否正確」、「使用的是哪筆資料」而爭吵同樣是家常便飯。

企業必須將資料的保存系統化，實施一元化的整合管理，**使每個人檢視、使用的都是同一份資料**。

而可實現這種需求的系統就是「**BI（Business Intelligence：商業智慧）**」。所謂BI是一種可依照想分析的資料種類，從MES、SCADA、ERP等系統取得資料並累積起來，然後以設定的形式檢視資料的系統。

▌從ERP或SCP取得資料及視覺化

出貨資料、入庫資料、庫存資料保存在ERP裡。銷貨收入、庫存、成本、毛利等財務資料，以及未交貨訂單或在途訂單等交易資料，如果想利用BI進行視覺化，就要先串接ERP與BI，再透過BI進行視覺化與分析。因為ERP只是負責匯集交易資料，所以不太適合進行視覺化。

SCP裡的進銷存計畫或產銷存計畫的資料，如果不方便在SCP上

檢視，此時也會與BI連動，利用BI進行視覺化。另外，SCP是用在個別品項上的規劃系統，所以不擅長按品項群組彙整資料，或是換算成金額來合計。如果想在S&OP之類的系統上，檢視數量與金額的轉換來做判斷，這時就會運用BI。

串接BI與MES或SCADA，將製造實績視覺化

製造的指示與實績儲存在MES裡。良品率或損壞率等資料，就是從MES傳送到BI，經過統計與加工後再視覺化。

設備稼動資料則是從設備或IoT感測器收集，經過PLC匯集到SCADA後，再與BI連動進行視覺化。

MES與SCADA都是現場系統，不適合進行分析，所以才要利用BI進行視覺化，再用於分析。

也有使用門檻不高的Viewer型BI

要使用BI，**同樣不可缺少資料庫（DB）的相關知識**。因為從儲存在DB（或資料倉儲DWH：Data Warehouse）的資料中抽出需要的項目，製作統計所需的資料，這個行為等同於操作DB（DWH）。如果常要進行同樣的資料加工作業，那就建立能夠只抽取需要的資料來檢視的Data Mart（資料市集）。這類作業也要拜託資訊系統部門提供協助。

最近市面上還推出了，使用者能一邊調整想檢視的觀點一邊加工資料的「**Viewer型BI**」。由於使用者能夠自行加工資料，使用門檻不算高，不過最好還是要具備分析手法與統計知識。

不消說，利用電子試算表進行視覺化當然也行，但是會導致業務因人而異。如果想將視覺化作業標準化依然需要使用BI。

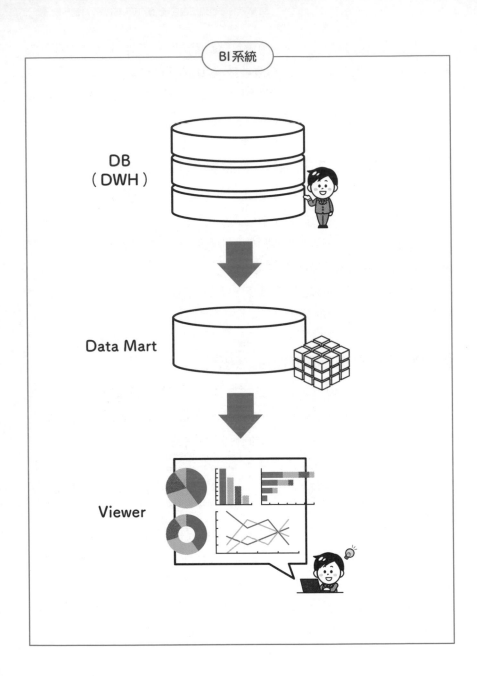

導入系統的正確步驟

能夠成功導入系統的步驟。

系統導入失敗的原因

不只SCM，導入任何系統都有可能失敗。失敗的主要原因在於，**導入系統的目的模糊不清，自家公司的業務尚未規劃清楚，就以「總之先試試看」的心態著手導入系統。**

尤其在導入如SCM這種跨組織的系統時，**如果目的不明確，就會以部門利弊得失為優先，方向無法統一。**

另外，如果業務流程、業務功能、業務規則不清不楚，大家就會為了定義系統需求而爭執，最糟的情況是先隨便定義需求，開發之後為了測試起爭執，到了測試階段又重新定義需求或重新設計，一再打掉重做，最後淪為沒完沒了的專案。

再者，如果該執行的業務不明確，只憑「因為有名」、「因為其他公司也在用」這類隨便的理由選擇系統的話，有可能因為不適合自家公司，結果把系統修改得面目全非。最糟的情況就是系統無法運作只能報銷。

導入系統就像蓋房子。要先有「想蓋什麼樣的房子」這個目的或概念，仔細設計之後才開始建造。如果動工後又在興建期間做各種變更的話，不僅工期會延長，也要多花錢，又或者要求根本就無法實現，最後演變成慘劇。

建構系統也是一樣的道理，必須乖乖按照步驟導入才行。

▌不會失敗的SCM系統導入步驟

如果不希望系統導入失敗，就該腳踏實地依照以下的步驟進行。

❶ 設定目的與目標

第一步要先弄清楚導入系統的目的或目標。如果目的或目標搖擺不定，日後就會搞不清楚當初為什麼要導入系統，從而掀起紛爭。舉例來說，導入SCM系統時，倘若有「為了將全球的庫存視覺化並加以控制」之類的目的，大家就會知道要朝著建立系統合作的方向前進，以便將全球的銷售公司與工廠的庫存視覺化。否則就有可能引發諸如「為什麼我們銷售商的庫存非給母公司看不可」之類的個別爭論，導致專案停滯不前。

❷ 調查現狀

調查現狀是必不可缺的步驟。過去有許多專案，都是因為被要求「應該這樣做」、「讓業務配合系統」才會失敗。現狀存在著應該執行的正確業務，這類業務是不可忽視的。掌握現狀後，才能清楚辨別該保留的業務與該改變的業務。

❸ 擬定構想

構想是建構系統的方向。沒有方向，導入系統時就會不知該往哪兒前進。舉例來說，如果沒有「管理B2B事業的業務銷售流程」之類的方向，導入SFA時就會不明白要實現什麼，搞不清楚要加入什麼系統需求。

❹ 設計業務

如果沒設計業務，不僅無法選擇適合的套裝軟體，也會缺乏系統需求定義所需的輸入資訊。而且就「使用者要對自己業務負責」這點來說，業務應該由使用者主導設計。

❺ 選定套裝系統

　　SCM有各式各樣的套裝系統。這個步驟要根據自家公司的目的、構想、業務設計中想實現的業務要求，選擇符合的套裝系統。

❻ 選定IT供應商

　　IT供應商也有各式各樣的公司。IT供應商是建構系統時的合作夥伴，因此要謹慎選擇。

❼ 需求定義

　　決定好套裝系統與IT供應商後，接著要定義系統需求。從第一步到需求定義為止都是使用者的責任，因此必須將使用者拉進來，仔細整理系統需求才行。要是系統需求不清不楚，之後的工程就無法順利進行。就算得花時間也要認真定義系統需求，不可以馬虎。

❽ 設計、開發、轉移、測試

　　這個步驟，就是一般的系統開發程序。只要事前選擇可靠的IT供應商，並且認真培養自家公司的資訊系統部門，這個步驟就能進行得很嚴謹。

❾ 轉換與適應

　　轉換是決定系統要一次建好，還是分段建構，盡量做好準備回避風險。ERP與MES之類的執行系統，也會受到休息停工之類的工廠日程影響，所以需要調整日程。

　　另外，更換系統對使用者的影響也很大，因此要設置教育體制，轉換後也要保持諮詢與問題處理之類幫助使用者適應的組織機能，在系統的使用情況穩定下來之前都要充實支援體制。

企業應善加運用專案管理框架

　　SCM系統是跨組織導入的，而且還有外部供應商參與其中。推動專案時，應該善加運用專案管理框架。如果自家公司有專案管理框架，那就好好使用它吧！

　　如果自家公司沒有專案管理框架，運用《PMBOK（Project Management Body Of Knowledge：專案管理知識體系指南）》也是一個好方法，這是美國非營利團體PMI有系統地整理出來的專案管理Know-How。

　　由於《PMBOK》整理了專案程序與管理（管控）對象，善加運用的話可提高管理精準度，當中的專案管控手法也可以運用。

　　不過，《PMBOK》也有許多概念性的內容，因此必須研究其他的專案管理方法論，建立務實的管理體系。

　　顧問公司與IT供應商等公司也都有自己的方法論，不妨善加運用他們的框架。千萬別誤把專案視為簡單的團體活動。

●PMO並非辦公室，而是支援PM的重要職務

　　專案管理辦公室「PMO（Project Management Office）」常被畫入體制圖，有些人誤以為它就只是個「辦公室」。其實PMO並非單純的辦公室，而是專案運作的關鍵。這個團隊是由專家集結而成，此外也被賦予強大的專案管理權限。

Chapter
7

SCM系統應用篇：
傳授靈活運用
SCM系統的方法

靈活運用需求預測系統的方法

專用軟體、統計軟體、電子試算表的選擇與注意事項。

選用需求預測專用軟體時的注意事項

開發給SCM用的「需求預測專用軟體」，本來就是為需求預測業務量身打造，所以該有的功能都有，使用起來很方便。

大部分的專用軟體，都會搭載幾種統計模型。有些專用軟體也會在選擇統計模型時，自動幫使用者挑選。不過，選出的模型是否適用，最終還是得由人來判斷。

如果選用需求預測專用軟體，**使用者必須具備統計知識**。因此要學習統計知識，提升分析能力，然後靈活地運用軟體喔！

另外，大部分的需求預測專用軟體，是**用單品＝SKU（Stock Keeping Unit：最小存貨單位）進行預測**。如果是這種情況，作為預測依據的實績數很少，預測結果的誤差可能會變大。容許誤差也是一個辦法，但變動若是過大，對生產或採購的衝擊與庫存風險就會變大，因此要注意。

如果變更需求預測單位（DFU：Demand Forecast Unit），改用產品群組進行預測，再分解成單品的話，有時候需要擴充開發，得花上成本。

由於是現成的套裝軟體，追加開發的成本通常很高。不光是前述那種有關邏輯的追加開發，想修改外觀或希望能夠自行輸入，抑或只是追加圖表都有可能要花一筆昂貴的費用，因此不如利用電子試算表的介面讓使用者能夠存取資料，並且能夠加工輸入或輸出的資料。

▌選用統計軟體進行需求預測時的注意事項

不太建議各位使用「統計分析用的軟體」。畢竟是將原本作統計分析用途的軟體，勉強用在SCM的需求預測業務上，運用起來其實很費事。

另外，由於軟體不適用於這項業務，自然也無法進行歷史分析或設定警報，統計模型則要自行選擇，邊用邊調整參數。此外也必須具備相當水準的統計知識。

如果公司內部有統計專家，能夠靈活運用的話或許就沒問題。另外，跟需求預測軟體一樣，DFU為單品。

▌選用電子試算表進行需求預測時的注意事項

電子試算表使用門檻不高，而且還包含了實用的函數公式。此外也可以不用嚴謹的統計公式，而是**使用自行輸入的計算公式進行預測，因此相當方便好用**。

不過缺點是，建立工作表很麻煩。另外，電子試算表的管理也可能因人而異，只有當事人才知道怎麼使用。因此最好將檔案存放在共用資料夾裡，並且製作簡易的說明手冊，與其他人分享預測公式的內容與用法等。

雖然有上述的缺點，但電子試算表的易用度仍讓人難以捨棄，因此無論規模是大是小，許多公司都會使用這個軟體。也有大企業以電子試算表為基礎進行作業系統化。至於中小企業也可以不必花太多成本，直接使用電子試算表來進行需求預測。

需求預測系統	推薦度	注意事項
專用軟體	○	・搭載相當多的統計模型 ・使用者須具備統計知識 ・追加開發的費用可能很貴 ・成本很高
統計軟體	△	・因為是作統計分析用途，使用不方便 ・需要具備相當水準的統計知識 ・成本比專用軟體便宜
電子試算表	○	・內附函數公式，方便好用 ・必須從頭建立格式 ・有因使用者不同而產生差異的危險，而且本來就不是業務專用系統 ・使用門檻不高，成本便宜

規劃軟體一定要選用「SCP」嗎？
可以使用電子試算表嗎？

將銷售計畫、進銷存計畫、產銷存計畫SCP化時的注意事項。

▌ 利用SCP整合計畫的優點與注意事項

SCP是用來訂立跨供應鏈的「銷售計畫」、「進銷存計畫」、「產銷存計畫」的軟體。它可將各據點的「銷售計畫」，連結各庫存點（倉庫）的「進銷存計畫」，再將各庫存點的進銷存計畫，與生產據點的「產銷存計畫」串聯起來。

這種連鎖結構也作為計畫用的BOM（Planning BOM），因此當成主資料運用的話，要設定供應鏈的結構就會比較容易。Planning BOM的稱呼各款套裝軟體都不一樣，使用時需要確認。

SCP可串聯整個供應鏈的計畫，所以適合用來將計畫一元化並進行整合。不過，必須先制定好各據點的計畫與全體整合的業務程序才有辦法運用，因此**跨據點的業務設計是必要且重要的。**

▌ 別被套裝系統供應商牽著鼻子走

目前市面上也有各式各樣的SCP套裝系統。SCP是一個巨大的資料庫，因此價格相當昂貴。從以前到現在，套裝系統供應商為了讓人接受這筆昂貴的費用，推銷時總會講得天花亂墜，彷彿輕易就能達成不可能的任務，各位千萬不能聽信這種花言巧語。

計畫的制定與協議，不可缺少組織利益的協調與經營上的風險判斷，假如套裝系統供應商忽視這點，一味地表示「辦得到、辦得到」就要當心了。

理論上辦得到的事與實際上辦得到的事是不一樣的。**自家公司真**

有那麼需要執行這種夢幻的業務嗎？真的辦得到嗎？選擇套裝系統時要抱持這種應有的疑問，冷靜地評估。

▌不要硬塞細密的限制或高階的功能

有些時候不是套裝系統供應商信口開河，而是導入系統的企業主動詢問「能不能達成這種不可能的任務」。對於這種要求，**公司內部必須建立體制，冷靜判斷這個要求是否必要，以及其難易度與效果。**

舉例來說，要連結進銷存計畫與產銷存計畫時，有些公司會提出「想將銷售倉庫與工廠倉庫之間的運輸最佳化」這項要求。以SCP規劃時，通常是以月為時間段確定幾個月後的計畫，或是幾週後的計畫。這種時候最好同時規劃，是否要考量運輸限制變更計畫，或是提出需要追加的貨車數量。

實際的車輛調度是在出貨前幾天規劃、決定的，因此無法配合執行規劃業務的時間，而且功能本身也無法加入SCP。總之要有拒絕這種不合理要求的判斷力。

▌使用電子試算表時的注意事項

也有不少公司用電子試算表來實現SCP。如果只是單純地串聯計畫，電子試算表就足以用來安排供應鏈計畫。

問題是，電子試算表的自由度。因為是由個人來管理，必須設法避免作業因人而異才行。此外也必須建立體制使用統一的格式，以避免每個人的計畫格式都不一樣。

畢竟SCP費用昂貴，考量公司規模，使用電子試算表應該也是可行的。

規劃軟體的推薦度與注意事項

規劃軟體	推薦度	注意事項
SCP （專用軟體）	○	・具備專用軟體該有的功能，可將供應鏈的計畫模型化 ・功能豐富，包括計畫用的BOM（Planning BOM）、考量限制的功能等 ・軟體費用昂貴 ・系統功能僵硬，追加開發的費用可能很貴 ・不必用到太高階的功能 ・「拚命推銷」的套裝系統供應商很多，必須仔細分辨
試算表軟體	○	・如果只是單純地串聯計畫，電子試算表就夠用了 ・必須從頭建立格式 ・有因使用者不同而產生差異的危險，而且本來就不是業務專用系統 ・使用門檻不高，成本便宜

雖然並非凡事都能靠ERP搞定，善加運用的話就能成為SCM的一部分

以執行系統來說ERP是必要的功能，一定要善加運用。

▌少了執行業務系統，規劃系統就無法成立

SCM最重要的功能就是「規劃」。但是，規劃時需要的實績資料，存放在執行業務系統「**核心系統（ERP）**」裡。

如果不能在核心系統上，及時且正確地取得銷售實績、庫存實績、生產實績，就會影響計畫本身的精準度。因此，**核心系統要正常運作，這是SCM的前提**。

從前的核心系統仰賴大型主機，最近企業則紛紛改為導入ERP了吧。不過，無論使用哪種系統都必須靈活運用，及時且正確地取得實績資料，傳送到需求預測系統或SCP、排程器等系統才行。

▌要讓MRP正常運作所要做的準備

「需求量計算」是SCM的執行業務裡，其中一項核心業務。這也是建立製造命令或購買命令所需的功能，通常是使用「MRP」系統來執行。

然而事實上，許多公司的MRP都無法正常運作。MRP若無法運作，代表需求量計算是採人工作業方式，其花費的時間、勞力與工時相當龐大，精準度也有問題。

要讓MRP正常運作，必須向從事生產管理的員工灌輸MRP的觀念。因為有太多人不曉得MRP這個東西，不瞭解其中的邏輯。

接著必須建構MRP才行。需求量計算要有BOM，以及作為MRP輸入資訊的獨立需求（接到的訂單或主生產計畫），只要能確實取得

庫存實績與預定入庫日程就能建立。因此，首先要在公司內部設置能夠建構與維持BOM的體制。

▌改變依賴電子試算表的業務

不少公司雖然特地建構了MRP，但各工程的生產計畫仍用電子試算表製作與連結，或者用電子試算表計算要向供應商訂購的數量，再把採購訂單輸入到ERP。這種狀況實在讓人搞不懂，當初到底是為了什麼才建構MRP的。

各工程的生產計畫要用MRP計算，再化為製造命令。假如因為外觀不是表格而難以使用，那就建構可將資料修改成表格進行視覺化的外部系統。這樣一來就能將**工程的計畫一元化**。

至於訂購量計算，沒必要使用計算軟體計算。跟生產計畫一樣，假如因為外觀不是表格而難以使用，那就建構可將資料修改成表格進行視覺化的外部系統。

不過，下單要看系統需求，有時無法用ERP之類的系統來處理。基本上ERP的運作是以1天為週期，所以無法控制指定時間交付之類的要求。如果是這種情況，下單就用ERP，交付指示則使用外部系統或其他系統。也就是將下單與交付分開，限定ERP的功能。

入庫實績是從WMS或MES回傳到ERP，只要能夠用來進行每日的需求量計算就好，因此沒必要每個小時回傳。

以小時為單位的管理，則是在WMS或MES這類更接近現場的系統上進行。說得明白一點，**核心系統沒必要做到及時同步**。

ERP是SCM不可或缺的系統

ERP（核心系統）是SCM
不可或缺的系統

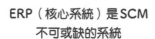

實績資料的 資料庫	以MRP建立 製造命令或購買命令
▼	▼
負責將資料 傳送給SCP	**負責與MES串聯合作**

**不使用電子試算表之類的工具敷衍應付，
將ERP當作執行系統用心建構、靈活運用**

▼

前提是要先建立業務管控的機制

一般人誤以為管理要做到「及時同步」，
其實「以1天為週期」就夠了

導入排程器並不容易，
要對門檻很高這點有心理準備

現場的管理水準不高就無法導入排程器。

▌排程器不能隨隨便便導入

「排程器」是用來訂立細排程計畫安排生產順序的系統。這個業務範疇主要使用的是電子試算表，但也不難想像許多公司採用的是其他方式，例如人工規劃。

如果不使用電子試算表，也許就會採取這種做法：計畫就在領班的腦袋裡，早上現場就按照領班的指示做事，頂多還會在現場的管理告示板上張貼當天的生產順序。

但即便使用電子試算表，實際上大多只是為了將領班或計畫專員腦袋裡的生產順序，轉換成「甘特圖」之類的圖表，或是為了將製造順序列成表才使用，當中並未加入邏輯。

這是因為決定生產順序時該考慮的事太多，難以將此作業系統化，由資深人員動腦判斷比較好。這樣一來，由於平常是以什麼邏輯規劃、需要什麼資料等全都沒有定義，要確定系統需求建構功能就成了很費勁的作業。切記，導入排程器是一件相當困難的事。

換句話說，排程器不能隨隨便便導入。安排生產順序，是一個執行狀況非常因人而異的業務範疇。若考慮系統化，必須評估是否可行，並且要做好相當大的心理準備。

▌若能提升現場的實績管理精準度就可以考慮導入

另外，現場的實績管理水準如果不高，就無法導入排程器。如果實績資料不能正確且近乎及時地取得，本來就沒辦法訂立精準度高的

計畫，發生變化時計畫也無法變更。

主資料也必須時時保持最新版本。備妥標準時間、各設備的工作曆、排程器所用的BOM、品項新增或修改／廢除時的資訊等主資料，並且及時更新成最新版本都是基本條件。假如排程器設定了治具限制或切換限制等限制，這些主資料也必須保持最新版本。

及時取得正確的實績資料、適當地管理主資料，以及建立可適時將主資料更新到最新版本並善加運用的體制很重要。並不是只要導入系統就好。

▌排程器也極有可能輸給人工規劃

另外，排程器的計畫品質輸給人所訂立的計畫，也是很常見的情況。這是因為人能考慮的限制條件比較多。

但是，人能考慮的限制條件沒辦法全放進系統裡。這麼做不僅要花費龐大的費用，運用也要耗費工時。因此，導入排程器時，不該追求訂出超越人類的完美計畫，應該以解決作業因人而異，任何人來訂立計畫都能保持一樣且平均的水準為目標。

▌先以簡易形式導入，並保留可由人補充修正的空間

排程器可以只導入簡易的功能。起初只要能訂立各設備的順序計畫就夠了。若要進一步提升計畫的精準度，就再加入可由人補充修正來實現計畫的「人工補正」功能。

導入排程器的注意事項

導入排程器
並不容易

- 所有資訊都存放在負責規劃的資深人員腦袋裡，因此不清楚系統需求
- 現場的管理水準如果不高，就無法及時收集實績資訊
- 必須實施主資料維護，時時保持最新的主資料
- 如果在不清楚需要的功能，管理水準也很低的狀態下導入，就會輸給資深人員訂立的計畫

**應該先從試用看看的程度引進系統，
只導入簡易的功能，再由人修正計畫**

千萬別以為能夠簡單導入，
不用付出任何努力就能訂出精準度高的計畫

實現「主資料整合」，
不讓代碼與主資料出現各種版本

如果各據點的代碼及主資料都不同，轉換就很費事。

▌個別導入系統的弊害

　　大多數的企業，都是個別在每個據點導入系統。因此，不只系統不同，**系統所用的資料代碼也不一樣，缺乏資料互換性也是很普遍的情況**。

　　舉例來說，同一項產品的品項代碼各個據點都不一樣，就是很常見的情況。如此一來，除非轉換品項代碼，否則就沒辦法檢視各據點、各品項的銷售額實績、庫存實績、生產實績。另外，在計畫整合上，同樣得轉換品項代碼才能夠檢視據點的計畫。

　　這種轉換，大多透過各系統之間的介面處理進行，給系統間的介面程式建構造成龐大的負擔，而且要花工時建構與維護。

　　假如無法透過系統化處理，就要由人介入手動轉換。雖然稱作轉換，不過做的事情只是手動將資料輸入到另一個系統而已。換句話說**就是本末倒置，把「人」這個寶貴的資源，用在處理系統間的資料轉換上**。

▌雖然統一代碼是大工程，卻非常值得實行

　　若要解決這種轉換問題，就要**統一各據點的代碼**。但是，正所謂「說易行難」。系統已使用了數年，如今要改變之前所用的代碼幾乎是不可能的事，因此舊有產品的代碼是改變不了的吧。還有往來已久的交易對象，他們的代碼也一樣無法改變。

　　不過，新的品項、新的交易對象等，**這些新的代碼應該統一規**

則，實施統一代碼活動，讓人不至於因為代碼不同而誤以為是不同的東西。

此外也可以趁更換系統之類的機會，實施統一代碼活動。這種時候，為了暫時維持新資料與舊資料的連貫性，要準備串接各個代碼的機制。參照過去實績時可將資料移到BI之類的系統，藉由串接代碼來確保資料的連貫性。

不過，統一代碼是一件很累人的工作。如果是品項代碼，必須在開發新產品的階段就設計統一代碼的業務程序，然後依據規則，集中管理代碼的編制，並且將代碼資訊發送到各據點。外購物料的品項代碼也一樣，至於供應商代碼則必須成立購買組織，統一供應商代碼。顧客之類的交易對象也需要實施同樣的活動，要做這些事情也需要不少的時間、毅力與權限。

但是，代碼能夠統一的話可視性就會大幅提升，資料整合變得簡單容易，因此能夠實施活動的話最好趕緊行動。假如公司或組織的規模很小，能趁現在付諸實行是很幸運的事。

如果沒辦法統一代碼，就只好透過介面轉換，或是建構轉換系統來應付了。

▌導入集中管理主資料的MDM

代碼統一之後，各個主資料也要進行集中管理，再發送到各據點。這個機制即是「**MDM（Master Data Management：主資料管理）**」。

┌───┐
│   ╭─────────────────────╮   │
│   │ 統一各據點的代碼與主資料 │   │
│   │
│   各據點   │
│   自行編制的代碼   │
│   與主資料   │
│   │
│   ▼   │
│   │
│   ╭─────────────────────────╮   │
│   │   缺乏資料的互換性   │   │
│   ╰─────────────────────────╯   │
│   │
│   ▼   │
│   │
│   ┌─────────────────────────┐   │
│   │   無法進行共通的分析   │   │
│   │   ▼   │   │
│   │   要花費龐大的成本建構轉換介面， │   │
│   │   或是   │   │
│   │ 花費龐大的工時以人工方式轉換資料 │   │
│   └─────────────────────────┘   │
│   │
│   ▼   │
│   │
│   ┌─────────────────────────┐   │
│   │ 雖然是一項大工程，企業應該以   │   │
│   │ ╭───────────────────────╮│   │
│   │ │●統一代碼 ●導入整合主資料系統│   │
│   │ ╰───────────────────────╯│   │
│   │   為目標   │   │
│   └─────────────────────────┘   │
└───┘

資訊系統部門的強化
與IT供應商的挑選方法

強化弱小的資訊系統部門，並且嚴格挑選IT供應商。

▌ 改革資訊系統部門

企業內部的資訊系統部門很弱小。不僅人數少，工作也以維護已導入的舊系統，以及管理公司內部的網路與伺服器這類「基礎建設管理」為主。

資訊系統部門的地位與立場也很弱小，使用者會要求他們追加開發，或是委託他們加工資料，時間都被這些事情占據，因此也沒空蒐集套裝軟體的最新動向與技術動向等資訊。而且因為沒機會建構新的系統，導致他們沒機會學習新技術，也完全不具備專案管理手法。

美國之類的IT先進國家，雖然給人創新的印象，但他們並非外聘IT人才，而是在公司內部累積人才，靠內部人員開發系統與推動專案。這是因為，他們把IT視為重要的策略工具吧。

反觀日本企業輕視IT，缺乏「公司內部應擁有豐富的IT人才」，以及「應該提高技能水準」的心態。若想提升競爭力、具備最新的科技與專案管理技能、建構穩定可靠的系統，**同樣需要培養公司內部的IT人才，以及強化資訊系統部門的機能。**

在導入各種套裝軟體之前，應該先提升資訊系統部門的技能、權限與地位，這點很重要。想要成功導入系統，幫助公司提升競爭力，強而有力的資訊系統部門是必不可缺的準備。

▋系統企劃力與建構力，以及專案管理力

改革以系統維護及基礎建設管理為主要工作的資訊系統部門時，**應朝著提升系統企劃力與建構力，以及專案管理力**的方向進行。

系統企劃力與建構力是指，**培養知悉最新的套裝軟體，掌握舊有與最新的語言技術，以及能發揮經驗企劃與建構系統，具備這些相關經驗與知識的人才**。換言之，就是要在公司內部發起開發專案，讓資訊系統部門時常執行開發專案累積經驗。這樣一來，也能培養評鑑套裝軟體與IT供應商的能力。

專案管理力則是指，擁有許多具備導入系統的技能，而且**能夠遵守交期、遵守成本、降低風險的人員**。這樣一來，資訊系統部門就具備了連SCM這種跨組織的大型系統都能導入的技能。

▋嚴格評鑑、挑選IT供應商之類的合作夥伴

如果系統企劃力與建構力，以及專案管理力夠高，就能靠自家公司開發系統，不過有需要選擇IT供應商或顧問時，還是得具備嚴格挑選的技能。

雖說是外部合作夥伴，卻也會影響系統導入的成敗，因此只要強化內部資源，讓公司有能力挑選合適的合作夥伴，就能提高專案的成功率。

與其說這是靈活運用SCM系統的方法，不如說這是成功導入系統所不可或缺的前提條件。這一點很重要，請務必付諸實行。

強化資訊系統部門

強化資訊系統部門	具體措施
強化公司內部的 資訊系統部門	・提升資訊系統企劃力與建構力 　－知悉最新的套裝軟體 　－掌握舊有與最新的語言技術 　－具備建構系統的經驗 　－培養擁有企劃與建構相關經 　　驗及知識的人才 ・強化專案管理力 　具備導入系統的技能，且能遵 　守交期、遵守成本、降低風險 ・增加具備技能的人員
嚴格挑選IT供應商	・強化公司的資訊系統部門，培 　養篩選能力

庫存並不邪惡，
應該檢視符合定位與策略的「KPI」

「庫存是邪惡的」這個觀念在日本製造業根深蒂固。此觀念認為，極力減少庫存才是正確的。SCM也是以削減庫存為其中一個目標建構而成。

SCM有個指標（KPI）叫做「CCC（Cash Conversion Cycle：現金循環週期）」。

CCC的計算公式為：「存貨周轉天數＋應收帳款債權周轉天數－應付帳款債務周轉天數」。假如「存貨周轉天數長（銷售額）」，而存貨很多的話就需要資金，存貨很少的話資金周轉狀況就獲得改善。

庫存月數（存貨金額÷銷售額）也一樣。存貨少，KPI的評核結果就好，因此促進企業實施減少庫存的活動。

● 即使KPI成績優秀，第二名的企業仍然追不上第一名

A公司自詡存貨比業界龍頭企業少，CCC很不錯。龍頭企業的確存貨多，CCC不佳。就存貨少這點來說是A公司大勝。A公司基於「庫存是邪惡的」這個觀念，採接單生產且產品存貨的數量非常少。龍頭企業則採存貨生產，因為累積產品存貨，存貨才會比較多。

仔細調查後發現，這個產業的顧客要求為立即交貨，而大多數的顧客起初都是向龍頭企業下訂單。至於A公司只在龍頭企業沒存貨時才接到訂單。結果，幾年之內兩者的營收規模就相差了4倍。

就算公司的KPI成績很優秀，要是在生意上輸給競爭對手就沒意義了。公司必須評核的是，符合市場、顧客要求與企業策略的KPI。

Chapter

8

掌握SCM的課題
與未來展望，搶先當作武器

物流策略化：倉庫機器人化，以及利用輸配送方法建立競爭優勢

將人力不足與競爭激化日益嚴重的物流領域策略化。

▌ 正因為人力不足，才有顧客需求

貨車司機不足是長久以來的議題，物流領域的人力不足問題日益惡化。但是，不只物流領域，貨主企業與收貨企業也出現人力不足的現象。**既然有人力不足的問題，就表示這一塊是有需求的。**

我認識的B公司，起初是將輸配送業務委託給外部的物流業者。他們採定點定線配送，將大紙箱送到目的地就完事。但是，訂貨商同樣人力不足。假如物流業者只是堆放完紙箱就離開，收貨、分裝、少量揀貨以及庫存管理都需要人力，這讓訂貨商很傷腦筋。

於是，B公司改以自有物流進行輸配送，並建立分裝揀貨中心，提高交貨頻率，讓訂貨商不必花費人力。現在，B公司已遠遠甩開其他的競爭對手，成為業界巨頭。

如同這個例子，人力不足問題存在著商業需求，為了回應這個需求，**有些產業能將物流策略化，橫掃市場。**而B公司即是回應顧客的需求，將物流策略化。

▌ 從外包、共同輸配送到自有物流化

輸配送之類的物流業務，長久以來都被視為只會產生成本的業務，被列為需要降低成本的對象。「便宜第一」還曾是這個業務範疇的口號。

但是，人力不足導致物流費用高漲，再加上外包物流公司的服務水準低落，若將成本與服務放在天秤上想一想，現已面臨不能對這個

問題置之不理的狀況。

原本在競爭企業之間推動不了的共同運輸，如今也慢慢有企業願意採用。在物流服務上競爭已沒有意義了，因為企業已沒有餘力堅持「不希望運輸量曝光」。

共同運輸是聚焦於成本的措施，但共同化卻導致運輸缺乏彈性。要實現有彈性的運輸，靠外包是有極限的。此外，有些企業認為物流是顧客接觸點，有助於增加競爭力，所以為了控制服務水準，逐漸轉換成自有物流。於是，物流漸漸變成策略領域。

▊ 實施物流自動化，解決人力不足問題並且提高效率

倉庫業務同樣人力不足。關於倉庫作業，目前很盛行投資自動化技術。像搬運無人化、揀貨自動化、打包自動化就不用說了，另外像儲存架自行移動到揀貨區再進行人工揀貨，或是自動搬運車接配送區域將貨物投到地板下的輸送裝置，就能直接送到各配送區域的貨車上堆放等，各式各樣的自動化措施也都很流行。

為了解決人力不足問題並且提升效率，自動機械的投資成了競爭最前線。

▊ 並非單純的作業改善，
也要把商業模式的變更納入視野

無論是藉由提升作業效率來降低成本，或是在出貨速度上競爭，這些都是以往的作業改善之延伸。當然，持續實施這種改善，並且進行提高生產力的投資，也是一種重要的手法。

但是，只採取作業改善措施遲早會面臨極限。現在不僅要降低成本，**還必須提升顧客服務水準，實施留住顧客的改革，轉換商業模式改變公司與顧客的關係**，而且能實現這一點的條件也湊齊了。前述的B公司，就是連訂貨商的庫存管理業務都包攬下來，努力留住顧客。

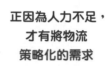

正因為人力不足，
才有將物流
策略化的需求

- 代替顧客進行庫存管理與揀貨等物流業務，回應顧客的需求，將物流策略化
- 藉由共同輸配送來降低成本
- 改採自有物流，實現有彈性的輸配送
- 實施搬運無人化、揀貨自動化、打包自動化等倉庫作業的自動化與機械化
- 提升提供給顧客的物流服務水準，留住顧客

整合數量計畫與金額計畫的「S&OP」規劃業務

不只規劃數量，還要換算成金額，評估財務衝擊。

▌「S&OP」是以數量及金額訂立計畫的SCM規劃業務

多數日本企業的SCM相關計畫，都是以「數量」來規劃的。討論內容則以要賣什麼東西、要賣幾個、要持有幾個存貨、要進貨或生產幾個……等為主。

至於計畫販售的產品售價要訂多少、利潤有多少，卻鮮少經過驗證，或是只由業務銷售組織去研究。

我認識的C公司，其業務銷售組織的銷售計畫是以數量來標示。按數量規劃的話業務員似乎就會努力販售產品，但事實上這樣的規劃只會促使他們大量販售好賣的廉價品。

C公司販賣的是高科技消費性產品，這個產業的產品一旦接近生命末期價格就會下跌，搞不好還會愈賣愈虧。價格下跌後，賠錢的產品不管賣出多少都會造成公司的損失。此外，因為生命末期產品充斥零售店面，導致能以高價賣出的新產品無人願意進貨，最後陷入惡性循環。

後來為了改善這種狀況，C公司在訂立計畫時除了確定數量與價格、利潤外，還會要求業務銷售組織討論如何促進高利潤產品的銷售，然後根據可確定收益的銷售計畫訂立SCM的計畫。

除此之外，存貨過剩時對資金周轉的影響，以及生產變動時的成本惡化等同樣需要驗證，不只要看數量，還要換算成金額，檢視收益以及對資金周轉的影響，最後才批准計畫。

這種**以數量及金額訂立計畫的SCM規劃業務稱為「S&OP」**。

SCM的目標是將合併收益最大化,所以不能只顧著討論數量的多寡。

▌將個別機能單位的「規劃業務」整合起來

過去日本企業並未規劃該有的業務,而是因為受到高度經濟成長期市場擴大的影響,才自然而然擴大業務。在這段過程中還發生了組織專精化。由於只要能配合市場的成長,應付「做出來就賣得掉」的狀況即可,企業才會怠於建構業務,因應如今這種變動劇烈的市場。

而計畫通常是由個別組織單獨訂立,大家並不關心自家部門的計畫會對其他部門,或是整間公司造成什麼影響。因為個別組織的利弊得失或情況擺第一,在協調組織利益這方面企業很難採取計畫性的應對措施。

▌重新以合併觀點建立能發揮作用的SCM組織

SCM是跨組織的業務。因此必須以整間公司之觀點、合併之觀點,整合個別機能單位的計畫,從超越組織利益的角度進行判斷。這種業務程序可用S&OP規劃,然而日本企業欠缺整合S&OP、分析財務衝擊與風險、由經營層做判斷的組織機能。

企業應該以合併觀點,重新建立能發揮作用的SCM組織。從前的SCM組織都是憑紙上空想建立,而且並未發揮作用。

幸好,現在有S&OP這個框架。先以S&OP設計能夠實現的業務程序,再明確設定組織的機能、角色與權限,然後建立具有明確的機能與權限、支援經營的SCM組織。

以合併觀點建立能發揮作用的 SCM 組織

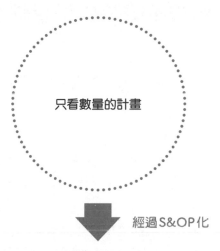

只看數量的計畫

經過 S&OP 化

改成以金額判斷商業風險
並做出決策的計畫

● 以金額檢查銷售額能否達成
● 檢查利潤目標能否達成
● 以庫存檢查資金周轉
● 檢查對工廠利潤的影響　等

整合管理各據點的個別計畫，奠定合併經營的基礎

● 整合規劃業務　　● 設立 SCM 組織

面對IoT的發展，
運用科技不可缺少構想與整合力

並非只是跟隨流行而禮讚科技，要實際導入。

日本企業輕視科技

日本企業引進系統的腳步十分緩慢。凡事依賴人工，出了問題是人的責任，只要罵人就夠了……企業對於這種依靠「人力」的業務運用似乎沒什麼疑問。

我認識的D公司，平常都是用電子試算表進行需求量計算。一個人要維護好幾種物料的結構資訊，並將資料填進計算公式裡，然後幾個人一起加班處理業務。發生失誤時，則是怪罪當事人「你為什麼會失誤？麻煩你自己改進，以後別再失誤了」，把責任算在個人頭上就了事。之後一再重蹈覆轍。

需求量計算之類的業務能用MRP處理。如果發生失誤，也不是個人的責任，**只要修改系統與程序就好。持續以人力去做能用科技解決的事是在糟蹋寶貴的人才。**

日本企業的問題之一，就是對隨處可得的科技不感興趣，欠缺用科技解決問題的態度。簡單來說就是輕視科技。這種情形簡直就跟戰爭期間，日軍不去瞭解八木天線（引向天線）、輕視科技，戰鬥仰賴目視的情況如出一轍。最後，美軍利用八木天線的技術研發雷達系統，擊潰了日軍。日本至今仍改不掉這種輕視系統與科技的壞毛病。

老舊的企業體質是IT化緩慢的原因之一

日本的IT化進展十分緩慢。容我再強調一次，這是因為日本不太有這樣的觀念：運用科技實現標準化與效率化，處理類的工作盡量交

給系統去做，人做的工作也是運用系統，好讓任何人來做成果都能超出一定水準。

日本企業有必要加強，「使用系統進行管控與標準化，好讓任何人來做都能維持相同水準」的態度。假如只是召集人才，然後叫大家「集思廣益」，這樣是無法在世界上競爭的。

不過，日本企業對於流行或流行術語倒是很會立刻跟風。一看到顧問界或IT界發起什麼流行用語就趨之若鶩，不經過深入瞭解就實施不必要的活動並造成浪費。之前CIM（Computer Integrated Manufacturing：電腦整合製造）、CALS（Continuous Acquisition and Life-cycle Support：持續性供貨與生命週期支援系統）、神經網絡（Neural Network，人工智慧的一種）、RFID（Radio Frequency Identification：無線射頻識別）、大數據、AI、ERP、雲端運算等這些詞彙都曾風行一時。雖然有些已變成普遍的用語，但其餘大多都已退燒而消失不見。

企業必須深入瞭解科技，而不是被廣告詞迷惑，應該先釐清對事業有何貢獻，然後分辨這個詞彙所代表的科技之真偽。

▎如今DX受到矚目，促進企業將IT導入SCM領域

現在，經營者則著迷於「**DX（Digital Transformation：數位轉型）**」這個詞彙。DX是第一個能給人「**程序與IT是一體的**」這個正確認知的流行語。DX跟之前的流行語不同，此概念是要建立「不是用科技改變單次作業，而是**以科技為槓桿改變業務程序，運用IT提升公司的競爭力**」之觀點。

只要具備以科技改革業務程序的觀點，DX就能產生相當大的效果。現在經營層正著迷於DX，不妨趁這個大好機會將此概念運用在SCM上吧！

促進企業將IT導入SCM領域

輕視科技
&
依賴人力

- 瞭解科技的運用與效果,積極導入
- 使用系統進行管控與標準化,好讓任何人來做都能維持相同水準
- 別被流行或空談概念的銷售話術迷惑,應嚴格、正確地篩選科技

DX是第一個能給人「程序與IT是一體的」這個正確認知的流行。現在經營層正著迷於DX,不妨趁這個大好機會將此概念運用在SCM上吧!

與企劃、開發、業務銷售連結的
同步工程型SCM

從設計的上游階段就要考慮控制成本與風險。

▌ 從企劃階段就要考量生產管理與採購等部門的要求

　　SCM是管理物料的採購與生產的手法。它是根據銷售計畫或接到的訂單這類需求進行管理，以實現最完美的QCD（品質、成本、交付）。

　　但是，SCM很難改變已經決定好的製造方法或物料，只能在此限制範圍內努力。雖然成本與風險可用SCM管理與控制，但必須管理與控制的製造方法或物料，卻是**在新產品的企劃、開發階段決定的**。開始生產後能夠做的，頂多就是降低成本而已。

　　從企劃、開發這個源流，考慮生產管理、生產技術與採購的要求，就能**持續以低成本製造，也能降低採購風險**。如果新產品企劃、開發的程序已定義，那麼就從「尚未經過設計審查」的概念討論階段，考量生產管理、生產技術與採購的要求，努力獲准產品化。

　　考量生產管理時，要納入有關生產方式等項目的意見。例如採接單生產的話能力變動很大，所以應該採存貨生產，或是採接單後組裝生產的話業務有沒有辦法應對等，總之要根據此時的成本預測發表意見。考量生產技術時，要提出容易製作的產品結構，以及驗證是否要停止新投資等。至於採購則是根據採購難易度討論是否採用該物料，以及參考使用標準物料的建議、供應商的評價等。

　　從概念階段就要**納入風險、標準化、防止成本增加等觀點**。開發有競爭力的新產品固然是必要的，但要是忽視成本與風險，到了後工程開始生產或採購後，要挽救就很困難了。

▌從企劃、開發階段就要考量業務銷售組織的 銷售預估

偶爾會看到某些公司,沒考慮到市場性就先進行產品企劃。這類公司不太懂得如何觀察市場,驗證「這個東西有需求嗎」、「為什麼會熱賣」。

企劃或開發要與業務銷售組織溝通協調,也要瞭解他們的想法。假如非常希望業務銷售組織販售這個產品,就應該將之排進銷售計畫裡,與銷售措施一起獲得他們的支持,然後努力開發。否則特地投入資源開發產品,業務銷售組織卻不支持的話便會造成損失。與業務銷售組織就銷售預估進行協調、在計畫應對上達成共識是很重要的。

▌在業務銷售流程中引導客戶選擇規格的 「產品配置器」

B2B的事業,有時會在執行業務銷售流程的過程中與客戶討論規格。這種時候,如果讓客戶隨意要求規格,會增加生產或採購的變化,還要製作個別設計圖與個別BOM,使管理變得煩雜。此外也可能發生難以製造、難以採購、延遲交貨、賠本等狀況。

如果會在執行業務銷售流程的過程中與客戶討論規格,**應該事先建構「規格引導」機制,盡量引導客戶選擇標準規格。**

設計要訂出標準規格與變化版本,並導入可選擇、管控規格的**「產品配置器」**系統。然後用「產品配置器」限定談生意時可選擇的規格,讓業務員能夠引導客戶做選擇。在SCM上,規格引導是建議要設置的手法之一。

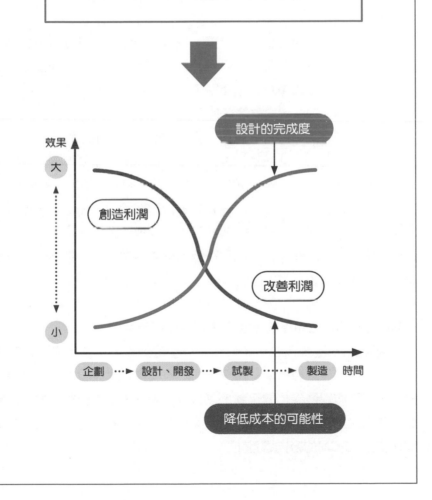

從企劃階段就加入SCM觀點

自新產品開發的上游，納入生產管理、
生產技術、採購、業務銷售的SCM觀點，
實現有成本競爭力、沒有風險的生產或採購

設計的完成度

效果

大

創造利潤

改善利潤

小

企劃 ·····▶ 設計、開發 ·····▶ 試製 ······▶ 製造　時間

降低成本的可能性

企業應建構
可強化合併經營管理的全球SCM

不少公司在接到國內或國外銷售商的進貨訂單後，會由母公司傳送給各國工廠；但有些時候，母公司所受到的待遇簡直就跟供應商沒兩樣。

例如銷售商隨意變更進貨計畫，或是隨意變更訂購數量與交期，就算母公司或工廠會困擾也不管。此外也會發生，母公司有個產品想賣到世界各地，打算拿給銷售商販售，但銷售商只賣好賣的產品，於是設備投資與準備的物料就浪費掉了。

工廠只做有辦法製作的東西，發生採購失誤或生產失誤而必須與銷售商調整交期時，就把這件事丟給母公司處理。產量下降成本就會增加，於是母公司只能被迫配合工廠的狀況，努力多爭取一些訂單。

此外也沒什麼「整合連結子公司進行經營管理」的感覺，母公司按照眾子公司的指示做事，待遇就跟中間業者沒兩樣。如此一來，既沒辦法將合併收益最大化，也沒辦法進行風險調整。結果不僅經營基礎脆弱，各據點也只會以個別最佳化為目標恣意行動。

● **建構強韌的母公司機能，以全球SCM進行管控**

全球SCM是橫跨連結子公司進行整合的經營手法。其關鍵就在於建構強韌的母公司機能：將全球的計畫與實績資訊視覺化並掌握清楚，不容許個別最佳化的行動，以合併利潤最大化為目標，並且判斷是否要承擔風險，做出決策要求各據點遵從。因此，母公司要努力朝著建構全球SCM的方向邁進！

▶ 作為「SCM教科書」的本書

看完作為「SCM教科書」的本書後，各位覺得如何呢？與SCM有關的廣泛業務範疇與系統，個人覺得已盡量說明得淺顯易懂，不過可能還是有不易理解之處。

從前的公司很單純。不僅看得到「哪個人正在哪裡做什麼」，瞭解整間公司狀況的人也有好幾個。但是，在公司規模擴大、個別組織專精化的過程中，許多人逐漸無法掌握自身工作以外的事，不清楚周遭從事什麼樣的工作。也就是發生「封閉化（穀倉效應）」現象。於是，組織協作出現問題，各個組織只顧著追求自己的利益，甚至面臨整間公司有可能分崩離析的狀況。

公司是一個有機體。它並不是由分散、各自為政的個別組織所構成。組織之間存在著有機的關聯，業務就在此關聯下進行。SCM既是破除各組織的藩籬，將公司「重新串聯」成有機體的改革手法，亦是業務的運作與管理。

本書盡量以簡單易懂的方式，將我個人累積多年的經驗、知識與案例，提供給從事SCM相關工作的各位讀者。現在以及未來，我都會繼續支援企業建構SCM。相信各位也會建構SCM，使公司的業務能夠持續下去吧。

期盼本書能長久發揮「SCM教科書」的作用，幫助各位建構更高層次的SCM，並維持公司的永續性。

2021年4月

石川和幸

索 引

[日文版STAFF]
內文設計・DTP 小石川馨

國家圖書館出版品預行編目資料

全球化時代的供應鏈管理技巧：剷除風險、
突破經營困境,打造最強永續競爭力!/石川
和幸著;王美娟譯. -- 初版. -- 臺北市:臺
灣東販股份有限公司, 2021.12
240面; 14.7×21公分
ISBN 978-626-304-980-2(平裝)

1.供應鏈管理 2.企業經營

494.5   110018176

SHIKUMI・GYOMU NO POINT GA WAKARU: GENBA DE TSUKAERU "SCM" NO
KYOKASHO by Kazuyuki Ishikawa
Copyright © 2021 Kazuyuki Ishikawa
All rights reserved.
Original Japanese edition published by Socym Co., Ltd., Tokyo

This Traditional Chinese language edition published by arrangement with Socym Co., Ltd.,
Tokyo in care of Tuttle-Mori Agency, Inc., Tokyo.

全球化時代的供應鏈管理技巧
剷除風險、突破經營困境,打造最強永續競爭力!

2021年12月1日初版第一刷發行

作　　者　石川和幸
譯　　者　王美娟
編　　輯　曾羽辰
特約美編　鄭佳容
發 行 人　南部裕
發 行 所　台灣東販股份有限公司
　　　　　＜地址＞台北市南京東路4段130號2F-1
　　　　　＜電話＞(02)2577-8878
　　　　　＜傳真＞(02)2577-8896
　　　　　＜網址＞http://www.tohan.com.tw
郵撥帳號　1405049-4
法律顧問　蕭雄淋律師
總 經 銷　聯合發行股份有限公司
　　　　　＜電話＞(02)2917-8022

TOHAN